"十四五"普通高等教育系列教材

大数据案例实验教程

柳 林 林 民 张树钧◎主 编
徐行健 朱颖奇◎副主编

中国铁道出版社有限公司
CHINA RAILWAY PUBLISHING HOUSE CO., LTD.

内 容 简 介

实验在教学过程中占据十分重要的地位,在大数据教学中尤为重要。本书针对普通高等院校在开设大数据课程过程中遇到的大数据实验指导专业师资不足、难以培养实用型人才、专业学习与实际应用脱轨等诸多问题,本着"有用、够用、实用"的原则,设计了大量的大数据实验项目,引导学生对大数据常用知识点进行探究。全书分为两部分(共 11 章):第一部分大数据概述及实验环境简介,内容包括大数据技术概述、实验相关组件介绍;第二部分典型案例实验,内容包括销售信息查询实验、气象数据探索性分析实验、地震数据分析实验、信用卡逾期预测实验、电影推荐实验、社交网络推荐实验、航班图实验、自然语言处理实验、深度主题模型。通过学习本书,读者可熟练掌握大数据环境下的案例开发,提高分析和解决实际问题的能力。

本书适合作为普通高等院校大数据及人工智能专业的实践课程教材,也可作为非计算机专业研究生学习大数据相关内容的实验指导手册。

图书在版编目(CIP)数据

大数据案例实验教程/柳林,林民,张树钧主编.—北京:中国铁道出版社有限公司,2024.9

"十四五"普通高等教育系列教材

ISBN 978-7-113-31254-1

Ⅰ.①大… Ⅱ.①柳… ②林… ③张… Ⅲ.①数据处理-案例-高等学校-教材 Ⅳ.①TP274

中国国家版本馆 CIP 数据核字(2024)第 099901 号

书　　名:	**大数据案例实验教程**
作　　者:	柳　林　林　民　张树钧
策　　划:	侯　伟　谢世博　　　　　编辑部电话:(010)51873135
责任编辑:	谢世博　彭立辉
封面设计:	刘　莎
责任校对:	苗　丹
责任印制:	樊启鹏
出版发行:	中国铁道出版社有限公司(100054,北京市西城区右安门西街 8 号)
网　　址:	https://www.tdpress.com/51eds/
印　　刷:	天津嘉恒印务有限公司
版　　次:	2024 年 9 月第 1 版　2024 年 9 月第 1 次印刷
开　　本:	787 mm×1 092 mm　1/16　印张:8.5　字数:210 千
书　　号:	ISBN 978-7-113-31254-1
定　　价:	30.00 元

版权所有　侵权必究

凡购买铁道版图书,如有印制质量问题,请与本社教材图书营销部联系调换。电话:(010)63550836
打击盗版举报电话:(010)63549461

前言

　　数据科学是一门新兴学科，强调培养具有多学科交叉能力的大数据人才。大数据人才应具有扎实的理论基础和丰富的实践能力。培养这样的人才需要数学、统计学和计算机科学等学科之间密切合作，同时也需要产业界合作。数据科学课程的开设需要采用新的模式，即"理论+实践"相结合的模式。其中，实验平台和实验案例为大数据实践教学奠定了坚实的基础。

　　为了提高学生实践能力、适应大数据人才培养需求，内蒙古师范大学计算机科学技术学院整合全院大数据专业相关教师，从大数据技术的实际应用案例出发，以实验为驱动、以案例为线索，编写了这本旨在提高学生实际应用能力、具有实验引导和案例驱动特点的实验教材。本书首先对大数据进行概述并且介绍大数据的实验环境，其次对与实验相关的组件进行详细介绍，之后通过销售数据查询、气象数据探索性分析、地震数据分析以及信用卡逾期预测等典型案例的实验，提高学生的动手及实际操作能力，熟练掌握大数据环境下的案例开发，从而养成持续学习计算机新知识、新技术的习惯。

　　编者具有大数据环境搭建及开发方面的经验，根据"有用、够用、实用"的原则，按照学习规律编排内容，案例由浅入深，详略得当。其中，每个案例都详细说明该案例所涉及的相关背景知识、案例步骤及具体代码。最后，扩展介绍了多种深度主题模型，为学生后续学习基于深度学习的大数据文本处理技术提供指导和帮助。

　　本书由内蒙古师范大学计算机科学技术学院柳林、林民、张树钧任主编，徐行健、朱颖奇任副主编。其中，林民负责实验教材的整体规划与设计，柳林编写了第一、二、四章，张树钧编写了第五、八、十章，徐行健编写了第六、九章，朱颖奇编写了第三、七、十一章。在本书编写过程中有许多教师及大数据从业工程师提出了宝贵意见，硕士研究生赵晔辉、张如琳参与了本书的文字校对工作，在此表示感谢。

　　由于时间仓促，编者水平有限，书中难免存在疏漏与不妥之处，恳请读者予以指正。

编者

2023 年 12 月

目 录

第一部分 大数据概述及实验环境简介

第1章 大数据技术概述 … 2
1.1 大数据概念及特征 … 2
1.2 大数据的数据处理流程 … 3
1.3 大数据的数据安全 … 6
思考题 … 7

第2章 实验相关组件介绍 … 8
2.1 HDFS … 8
2.2 MapReduce … 11
2.3 Hive … 15
2.4 HBase … 16
2.5 Storm … 17
2.6 Flume … 18
2.7 Kafka … 19
2.8 Spark … 21
思考题 … 27

第二部分 典型案例实验

第3章 销售信息查询实验 … 29
3.1 实验目标 … 29
3.2 实验环境 … 29
3.3 实验方法 … 30
3.4 实验过程 … 31
3.5 实验总结 … 40
思考题 … 40

第4章 气象数据探索性分析实验 … 41
4.1 实验目标 … 41
4.2 实验环境 … 41
4.3 实验方法 … 42
4.4 实验过程 … 43

  4.5 实验总结 47
  思考题 47

第 5 章 地震数据分析实验 48
  5.1 实验目标 48
  5.2 实验环境 48
  5.3 实验方法 49
  5.4 实验过程 50
  5.5 实验总结 56
  思考题 56

第 6 章 信用卡逾期预测实验 57
  6.1 实验目标 57
  6.2 实验环境 57
  6.3 实验方法 57
  6.4 实验过程 58
  6.5 实验总结 65
  思考题 65

第 7 章 电影推荐实验 66
  7.1 实验目标 66
  7.2 实验环境 66
  7.3 实验方法 67
  7.4 实验过程 69
  7.5 实验总结 74
  思考题 74

第 8 章 社交网络推荐实验 75
  8.1 实验目标 75
  8.2 实验环境 75
  8.3 实验方法 75
  8.4 实验过程 76
  8.5 实验总结 78
  思考题 78

第 9 章 航班图实验 79
  9.1 实验目标 79
  9.2 实验环境 79
  9.3 实验方法 79
  9.4 实验过程 80
  9.5 实验总结 89
  思考题 89

第 10 章　自然语言处理实验 ·· 90
10.1　实验目标 ·· 90
10.2　实验环境 ·· 90
10.3　实验方法 ·· 91
10.4　实验过程 ·· 92
10.5　实验总结 ·· 96
思考题 ·· 96

第 11 章　扩展：深度主题模型 ·· 97
11.1　词嵌入 ·· 97
11.2　主题模型 ·· 116
11.3　嵌入式主题模型 ·· 120

参考文献 ·· 128

第一部分

大数据概述及实验环境简介

第1章 大数据技术概述

第2章 实验相关组件介绍

第 1 章　大数据技术概述

云计算、物联网、社交网络等新型服务的兴起，使人类社会的数据种类和规模以前所未有的速度增长。这标志着大数据时代正式到来，数据已经从简单的处理对象开始转变为一种基础性资源。大数据的大体量给数据存储、管理以及数据分析带来了极大的挑战，数据管理方式上的变革正在发生。本章首先对大数据的基本概念和特征进行阐述，之后重点介绍大数据的采集、存储和安全技术等。

1.1　大数据概念及特征

现如今，随着大数据的快速发展，大数据已成为信息时代的一大新兴产业，并引起国内外政府、学术界和产业界的高度关注。大数据技术已经广泛应用在人类生产生活的方方面面。

在学术界，麻省理工学院（MIT）计算机科学与人工智能实验室（CSAIL）建立了大数据科学技术中心（ISTC）。ISTC 主要致力于加速科学与医药发明、企业与行业计算，并着重推动在新的数据密集型应用领域的最终用户体验的设计创新。同时，牛津大学成立了首个综合运用大数据的医药卫生科研中心，该中心的成立有望给英国医学研究和医疗服务带来革命性变化，它将促进医疗数据分析方面的新进展，帮助科学家更好地理解人类疾病及其治疗方法。欧洲核子研究组织（CERN）在匈牙利科学院魏格纳物理学研究中心建设了一座超宽带数据中心，该中心成为连接 CERN 且具有欧洲最大传输能力的数据处理中心。与此同时，我国有关大数据的学术组织和活动也纷纷成立和开展。2012 年，中国计算机学会和中国通信学会成立了大数据专家委员会，教育部也在中国人民大学成立"萨师煊大数据分析与管理国际研究中心"。近年来开展了许多学术活动，主要包括：CCF 大数据学术会议、中国大数据技术创新与创业大赛、大数据分析与管理国际研讨会、大数据科学与工程国际学术研讨会、中国大数据技术大会和中国国际大数据大会等。

大数据本身是一个抽象的概念。从一般意义上讲，大数据是指无法在有限时间内用常规软件工具对其进行获取、存储、管理和处理的数据集合。大数据具备 volume（体量）、velocity（速度）、variety（类型）和 value（价值）四个特征，简称"4V"，即数据体量巨大、数据速度快、数据类型繁多以及数据价值密度低、商业价值高，如图 1.1 所示。

4V 特征具体说明如下：

（1）体量：数据体量巨大。随着移动端和互联网的兴起，数据集合的规模不断扩大，已经从 GB 级增加到 TB 级再增加到 PB 级。近年来，数据量甚至开始以 EB 和 ZB 来计数。

（2）速度：大数据的数据产生、处理和分析的速度在持续加快。加速的原因是数据创建的实时性特点,以及将流数据结合到业务流程和决策过程中的需求。数据处理速度快,处理模式已经开始从批处理转向流处理。业界对大数据的处理能力有一个称谓——"1 秒定律",也就是说,可以从各种类型的数据中快速获得高价值的信息。大数据的快速处理能力充分体现出它与传统数据处理技术的本质区别。

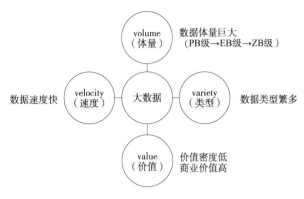

图 1.1　大数据特征

（3）类型：大数据的数据类型繁多。现在的数据类型不再只是结构化数据,更多的是半结构化或者非结构化数据,如 XML、邮件、博客、即时消息、视频、照片、点击流、日志文件等。

（4）价值：大数据的数据价值密度低、商业价值高。大数据由于体量不断加大,单位数据的价值密度在不断降低,然而数据的整体价值在提高。以监控视频为例,在一小时的视频中,有用的数据可能仅仅只有一两秒,但是却会非常重要。现在许多专家已经将大数据等同于黄金和石油,这表示大数据当中蕴含了无限的商业价值。通过对大数据进行处理,找出其中潜在的商业价值,将会产生巨大的商业利润。

1.2　大数据的数据处理流程

大数据的数据处理流程大体可以分成三个阶段：数据采集、数据分析和数据解释。

1.2.1　数据采集

将不同数据源、不同类型的数据提取、采集并统一格式,存储到分布式文件系统中。没有大数据技术前,存储到 MySQL、Oracle 这种关系型数据库（单机瓶颈）中；有大数据技术后,存储到如 HDFS 分布式文件系统中（可多机存储和分析）。

数据采集处于大数据生命周期中第一个环节,也是整个大数据处理流程的入口。在互联网行业快速发展的今天,数据采集广泛应用于互联网及分布式领域,比较常见的包括摄像头、传声器（俗称麦克风）等数据采集工具,大数据采集技术通过 RFID（射频识别）、传感器、社交网络、移动互联网等方式获得各种类型的结构化、半结构化、非结构化的海量数据。

结构化数据,即固定格式和有限长度的数据；非结构化数据,例如网页,有的网页很长有的很短,语音、视频、图片也属于非结构化数据；半结构化数据,即一些 XML 或者 HTML 格式的数据,这部分数据是介于结构化和非结构化数据之间的数据,包括部分格式化和有限长度的数据、部分没有格式化和固定长度的数据。

大数据采集技术如今面临着诸多挑战：一方面，数据源的种类多，数据的类型繁杂，数据量大，并且产生的速度快；另一方面，需要保证数据采集的可靠性和高效性，同时还要避免重复数据。传统的数据采集来源单一，且存储、管理和分析数据量也相对较小，大多采用关系型数据库或者并行数据仓库即可处理。而在大数据体系中，涵盖着传统数据体系中没有考虑过的新数据源，具体包括内容数据、线上行为数据和线下行为数据三大类。

大数据不像普通数据采集那样单一，往往是多种数据源同时采集，而不同的数据源对应的采集技术通常不一样，很难有一种平台或技术能够统一所有的数据源，因此进行大数据采集时，往往是多种技术混合使用，要求更高。大数据的采集从数据源上可以分为四类：Web 数据（包括网页、视频、音频、动画、图片等）、系统日志数据、数据库数据和其他数据（感知设备数据等），针对不同的数据源，所采用的数据采集方法和技术也不相同。

1. Web 数据采集

网络数据采集是指通过网络爬虫或网站公开 API 等方式从网站上获取数据信息的过程。网络爬虫会从一个或若干初始网页的 URL 开始，获得各个网页上的内容，并且在爬取网页的过程中，不断从当前页面上抽取新的 URL 放入队列，直到满足设置的停止条件为止。这样可将非结构化数据、半结构化数据从网页中提取出来，并以结构化的方式存储在本地的存储系统中。

2. 系统日志数据采集

系统日志数据采集主要是收集业务平台或设备日常产生的大量日志数据，供离线和在线的大数据分析系统使用。高可用性、高可靠性和可扩展性是日志收集系统所具有的基本特征。系统日志数据采集工具均采用分布式架构，即能够满足每秒数百兆字节的日志数据采集和传输需求。

3. 数据库数据采集

现今大多数企业还会沿用传统的关系型数据库来存储数据。随着大数据时代的到来，Redis、MongoDB 和 HBase 等 NoSQL 数据库也常用于数据采集。企业通过在采集端部署大量数据库，并在这些数据库之间进行负载均衡和分片，来完成大数据采集工作。

4. 其他数据（感知设备数据等）采集

感知设备数据采集是指通过传感器、摄像头和其他智能终端自动采集信号、图片或录像来获取数据。大数据智能感知系统需要实现对结构化、半结构化、非结构化的海量数据的智能化识别、定位、跟踪、接入、传输、信号转换、监控、初步处理和管理等。其关键技术包括针对大数据源的智能识别、感知、适配、传输、接入等。

1.2.2 数据分析

数据分析是整个大数据处理流程的核心。因为大数据的价值就产生于分析的过程，但是它同样带来了很大的挑战。首先，数据量大带来更大价值的同时也带来了更多的数据噪声，在进行数据清洗等预处理工作时必须更加谨慎。若清洗的粒度过细，很容易将有用的信息过滤掉，而清洗的粒度过粗，又无法达到理想的清洗效果，因此在质与量之间需要进行仔细考量和权衡，同时对机器硬件和算法都是严峻的考验。其次，传统的数据仓库系统对处理时间的要求并不高，而在很多大数据应用场景中，不仅要考虑算法的准确性，还要考虑实时性的要求。

数据分析通常包括普通统计分析、算法分析（数据挖掘）。统计学主要利用概率论建立数学模型，是研究随机现象的常用数学工具之一。数据挖掘分析大量数据，发现其中的内在联系和知识，并以模型或规则表达这些知识。虽然两者采用的某些分析方法（如回归分析）是相同的，但是数据挖掘和统计学是有本质区别的：

一个主要差别在于处理对象（数据集）的尺度和性质。数据挖掘经常会面对尺度为 GB 甚至 TB 数量级的数据库，而用传统的统计方法很难处理这么大尺度的数据集。传统的统计处理往往是针对特定的问题采集数据（甚至通过试验设计加以优化）和分析数据来解决特定问题；而数据挖掘往往是数据分析的次级过程，其所用的数据原本可能并非为当前研究而专门采集的，因而其适用性和针对性可能都不强，在数据挖掘的过程中，需要对异常数据及冲突字段等进行预处理，尽可能提高数据的质量，然后经过预处理的数据进行数据挖掘。

另一个差别在于面对结构复杂的海量数据，数据挖掘往往需要采用各种相应的数学模型和应用传统统计学以外的数学工具，才能建立最适合描述对象的模型或规则。

数据分析通常有两种形式，离线处理分析和实时处理分析。数据的价值是有时效性的，快速的数据分析可以得到更快的问题反馈或响应。离线处理分析对一段时间内海量的离线数据进行统一处理，对应的处理框架有 MapReduce、Spark，数据有范围，并且对时间性要求不高。实时处理分析对运动中的数据进行处理，即在接收数据的同时就对其进行处理，对应的处理框架有 Storm、Spark Streaming、Flink，数据没有范围（随着时间的流逝数据在产生），对时间性要求高。随着处理框架的完善，也可以用 SQL 对数据进行统计分析，如 hiveSQL、sparkSQL。

1.2.3 数据解释

数据分析是大数据处理的核心，但是用户往往更关心对结果的解释。通过数据可视化，将分析结果形象地展现在数据大屏上，使用户更易于理解和接受。大数据可视化利用各类图表、趋势图、视觉效果将巨大的、复杂的、枯燥的、潜逻辑的数据展现出来，使用户发现内在规律，进行深度挖掘，指导经营决策。大数据可视化包括：现有数据分析可视化、预测趋势可视化、设备运行可视化三种常见的形式，可以帮助用户更加深刻地透过数据看清本质规律，发现行业的真相。

1. 现有数据分析可视化

现有数据分析可视化广泛用于政府、企业经营的现有数据分析，包括企业财务分析、供应链分析、销售生产分析、客户关系分析等。通过采集相关数据，进行加工并从中提取有商业价值的信息，服务于管理层、业务层，指导经营决策。数据分析可视化负责直接与决策者进行交互，是一个实现了数据的浏览和分析等操作的可视化、交互式的应用。它对于政府或企业的决策人获取决策依据、进行科学的数据分析，辅助决策人员进行科学决策显得十分重要。因此，数据分析可视化系统对于提升组织决策的判断力、整合优化企业信息资源和服务、提高决策人员的工作效率等具有显著意义。

2. 预测趋势可视化

预测趋势可视化是在特定环境中，对随时间推移而不断动作并变化的目标实体进行觉察、认知、理解，最终展示整体态势。此类大数据可视化应用通过建立复杂的仿真环境，通过大量数据多维度的积累，可以直观、灵活、逼真地展示宏观态势，从而让决策者很快掌握某一领域的整体态势、特征，从而做出科学判断和决策。

趋势可视化可应用于卫星运行监测、航班运行、气候天气、股票交易、交通监控、用电情况等众多领域。例如，卫星可视化可以通过将太空内所有卫星的运行数据进行可视化展示，人们可以一目了然卫星运行情况。气候天气可视化可以将该地区的大气气象数据进行展示，让用户清楚地看到天气变化。

3. 设备运行可视化

企业中生产设备处于高速运转，由设备所产生、采集和处理的数据量远大于企业中计算机和人工产生的数据，生产设备的高速运转则对数据的实时性要求更高。破解这些大数据是企业在新一轮制造革命中赢得竞争力的钥匙。因此，生产可视化系统是工业制造业的最佳选择。

大数据价值的完美体现需要多种技术协同。根据涉及领域的不同，大数据的关键技术可以分为大数据采集、大数据预处理、大数据存储及管理、大数据处理、大数据分析及挖掘、大数据展示等几方面。

1.3 大数据的数据安全

大数据在数量规模、处理方式、应用理念等方面都呈现了与传统数据不同的新特征。安全与隐私问题是人们公认的大数据关键问题之一。大数据安全的定义比较广泛，包括互联网用户面临个人隐私泄露以及大数据存储、处理、传输的安全风险。人们面临的威胁并不仅限于个人隐私泄露，还在于基于大数据对人们状态和行为的预测。用户数据的收集、存储、管理与使用等均缺乏规范，更缺乏监管，主要依靠互联网相关企业的自律。用户无法确定自己隐私信息的用途，单纯通过技术手段限制互联网企业对用户信息的使用，实现用户隐私保护是极其困难的事。

当前很多组织都认识到大数据的安全问题，并积极行动起来关注大数据安全问题。云安全联盟（CSA）组建了大数据工作组，旨在寻找针对数据中心安全和隐私问题的解决方案。从安全视角看，大数据这些新特性，产生了不同的影响，具体表现为：

（1）大数据已经对经济运行机制、社会生活方式和国家治理能力产生深刻影响，需要从"大安全"的视角认识和解决大数据安全问题。

（2）大数据正逐渐演变为新一代基础性支撑技术，大数据平台的自身安全将成为大数据与实体经济融合领域安全的重要影响因素。

（3）大数据时代，数据在流动过程中实现价值最大化，需要重构以数据为中心、适应数据动态跨界流动的安全防护体系。

大数据安全技术体系分为大数据平台安全、数据安全和隐私保护三个层次，自下而上为依次承载的关系。大数据平台不仅要保障自身基础组件安全，还要为运行在其上的数据和应用提供安全机制保障；除平台安全保障外，数据安全防护技术为业务应用中的数据流动过程提供安全防护手段；隐私安全保护是在数据安全基础之上对个人敏感信息的安全防护。

（1）大数据平台安全：对大数据平台传输、存储、运算等资源和功能的安全保障，包括传输交换安全、存储安全、计算安全、平台管理安全以及基础设施安全。

（2）数据安全：指平台为支撑数据流动安全所提供的安全功能，包括数据分类分级、元数据管理、质量管理、数据加密、数据隔离、防泄露、追踪溯源、数据销毁等内容。

（3）隐私保护：指利用去标识化、匿名化、密文计算等技术保障个人数据在平台上处理、流转过程中不泄露个人隐私或个人不愿被外界知道的信息。隐私保护是建立在数据安全防护基础之上的保障个人隐私权的更深层次安全要求。然而，我们也意识到大数据时代的隐私保护不再是狭隘地保护个人隐私权，而是在个人信息收集、使用过程中保障数据主体的个人信息自决权利。实际上，个人信息保护已经成为一个涵盖产品设计、业务运营、安全防护等在内的体系化工程，不是一个单纯的技术问题。但由于本书重点聚焦大数据安全技术，因此在谈及数据主体的个人权益保护时，选择去繁从简，从研究方向更加清晰的隐私保护技术入手开展研究。

思 考 题

1. 简述大数据四个基本特征。
2. 简述大数据处理流程的三个阶段。

第 2 章 实验相关组件介绍

大数据时代，各个行业每个时刻都在产生海量、多样的数据，数据正在成为一种生产资料，大数据已经成为行业发展新的推动力。在海量数据场景下，传统数据库技术已无法满足其海量存储、高效处理和实时挖掘数据潜在价值的要求，迫切需要新的技术弥补这些缺陷。本书基于浪潮企业级云海大数据基础软件，集合业界主流的新型大数据处理技术，包含 Hadoop 生态中的 20+ 主要组件，提供统一的平台化管理运维，实现深度功能增强和性能优化，能够帮助客户轻松应对海量数据的采集、存储、计算、分析挖掘和数据安全等应用场景。

本章以浪潮企业级云海大数据平台为基础，介绍业界主流技术，具体包括 Hadoop、Flume、Hive、HBase、MapReduce、Kafka、Spark、Storm 等多个组件。下面将逐一介绍大数据实验环境相关技术。

2.1 HDFS

2.1.1 概述

在现代的企业环境中，单机容量往往无法存储大量数据，需要跨机器存储。统一管理分布在集群上的文件系统称为分布式文件系统。Hadoop 分布式文件系统（hadoop distributed file system，HDFS）是指被设计成适合运行在通用硬件（commodity hardware）上的分布式文件系统。而文件系统中，引入网络就不可避免地引入了所有网络编程的复杂性，例如挑战之一是如果保证在节点不可用的时候数据不丢失。

传统的网络文件系统（network file system，NFS）虽然也称为分布式文件系统，但是其存在一些限制。由于 NFS 中，文件是存储在单机上，因此无法提供可靠性保证，当很多客户端同时访问 NFS Server 时，很容易造成服务器压力，造成性能瓶颈。另外，如果要对 NFS 中的文件进行操作，首先需要同步到本地，这些修改在同步到服务器端之前，其他客户端是不可见的。某种程度上，NFS 不是一种典型的分布式系统，虽然它的文件的确放在远端（单一）的服务器上。图 2.1 所示为 NFS 的客户端/服务器架构。

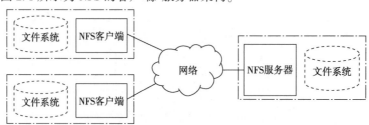

图 2.1 NFS 的客户端/服务器架构

HDFS 是管理网络中跨越多台计算机存储的文件系统，它支持存储海量数据（TB/PB 级），系统构建于云主机之上，能够帮助开发者轻松实现大数据分布式存储环境搭建、运维工作，进而专注于数据分析、数据挖掘、商业智能等应用场景。

物理磁盘中有块（block）的概念，磁盘的物理块是磁盘操作最小的单元，读/写操作均以块为最小单元，一般为 512 B。文件系统在物理块之上抽象了另一层概念，文件系统块是物理磁盘块的整数倍，通常为几千字节。Hadoop 提供的 df、fsck 等运维工具都是在文件系统的块级别上进行操作。HDFS 的块比一般单机文件系统大得多，默认为 128 MB。HDFS 的文件被拆分成 block-sized（数据块的尺寸）的 chunk（组块），chunk 作为独立单元存储。比块小的文件不会占用整个块，只会占据实际大小。例如，如果一个文件大小为 1 MB，则在 HDFS 中只会占用 1 MB 的空间，而不是 128 MB。

2.1.2 应用场景

HDFS 提供高吞吐量应用程序数据访问功能，适合带有大型数据集的应用程序。以下是一些常用的应用场景：

（1）适用于高吞吐量，而不适合低时间延迟的访问。

（2）流式读取的方式，不适合多用户写入一个文件（一个文件同时只能被一个客户端写），以及任意位置写入（不支持随机写）。

（3）适合写入一次，读取多次的应用场景。

（4）数据密集型并行计算：数据量极大，但是计算相对简单的并行处理。

（5）计算密集型并行计算：数据量相对不是很大，但是计算比较复杂的并行计算。

（6）数据密集与计算密集混合型的并行计算。

2.1.3 核心功能

HDFS 集群以 Master-Slave 模式运行，主要有两类节点：名称节点（NameNode，即 Master）和数据节点（DataNode，即 Slave）。此种模式部署架构图如图 2.2 所示。

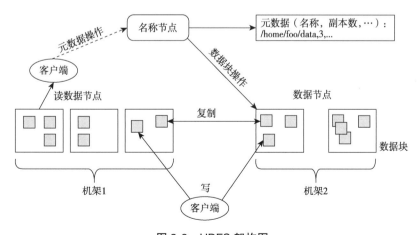

图 2.2　HDFS 架构图

图 2.2 中所示的架构名称节点存在单点故障问题，因此 HDFS 提供了高可用的部署方式，即支持名称节点上文件系统元数据的热备份，支持故障自动切换。Active（活跃）的名称节点

继续为应用提供文件的存储和读取服务,如图 2.3 所示。

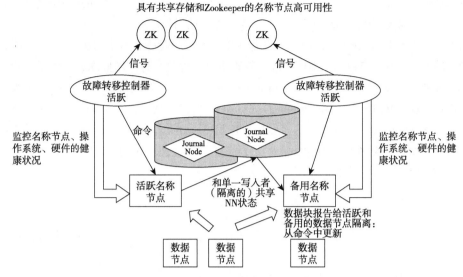

图 2.3　HDFS HA 架构图

下面介绍浪潮企业级云海大数据 HDFS 的主要服务组件:

1. 名称节点

名称节点(NameNode,NN)管理着文件系统的 Namespace(命名空间)。它维护着文件系统树(filesystem tree)以及文件树中所有的文件和文件夹的元数据(metadata)。管理这些信息的文件有两个,分别是 Namespace 镜像文件(namespace image)和操作日志文件(edit log),这些信息缓存在内存中。这两个文件也会被持久化存储在本地硬盘,名称节点记录着每个文件中各个块所在的数据节点的位置信息,但是它并不持久化存储这些信息,因为这些信息会在系统启动时从数据节点重建。

2. 数据节点

文件系统的工作节点。根据需要存储或检索数据块,数据节点(DataNode,DN)是文件存储的基本单元,它将块存储在本地文件系统中,保存了块的 Meta-data(元数据),同时周期性地将所有存在的块信息发送给 NameNode。

3. SecondaryNameNode

在非高可用(high availability,HA)的 HDFS 环境中,NameNode 是一个用来监控 HDFS 状态的辅助后台程序。它只是 NameNode 的一个助手节点,职责是合并 NameNode 的 edit logs(日志文件)到 fsimage(镜像文件)文件中。

4. JournalNode

在一个典型的 HA 集群中,每个 NameNode 是一台独立的服务器。在任一时刻,只有一个 NameNode 处于 Active 状态,另一个处于 Standby 状态。其中,Active 状态的 NameNode 负责所有的客户端操作,Standby 状态(热备份状态)的 NameNode 处于从属地位,维护着数据状态,随时准备切换。

两个 NameNode 为了数据同步,会通过一组称作 JournalNode 的独立进程进行相互通信。当 Active 状态的 NameNode 的命名空间有任何修改时,会告知大部分的 JournalNodes 进程。Standby 状态的 NameNode 有能力读取 JournalNode 中的变更信息,并且一直监控日志文件的变化，把变化应用于自己的命名空间。可以确保在集群出错时，Standby 的状态已经完全同步。

5. ZKFailoverController（ZK）

通常情况下，NameNode 和 ZKFailoverController（ZK 故障转移控制器）部署在同一台物理机器上。ZKFailoverController 在整个系统中有以下两个重要作用：

（1）监控、尝试获取活锁：向 ZooKeeper 抢锁，抢锁成功的 ZKFailoverController 指导对应的 NameNode 成为 Active 的 NameNode。

（2）监控 NameNode 的状态：定期检查对应 NameNode 的状态，当 NameNode 状态发生变化时，及时通过 ZKFailoverController 做相应的处理，必要时隔离 NameNode。

6. NFS Gateway

NFS Gateway 支持 NFSv3，允许 HDFS 作为客户端本地文件系统的一部分挂载在本地文件系统。目前，NFS Gateway 支持和启用了下面的使用模式：

（1）用户可以在基于 NFSv3 客户端兼容的操作系统上浏览 HDFS 文件系统。

（2）用户可以从挂载到本地文件系统的 HDFS 文件系统上下载文件。

（3）用户可以从本地文件系统直接上传文件到 HDFS 文件系统。

（4）用户可以通过挂载点直接将数据流写入 HDFS。目前支持文件 append（追加），随机写不支持。

7. 客户端

HDFS 的客户端。

2.2 MapReduce

2.2.1 概述

MapReduce 是一个分布式计算框架，主要由两部分组成：编程模型和运行时环境。其中，编程模型为用户提供了非常易用的编程接口，用户只需要像编写程序一样实现几个简单的函数即可实现一个分布式程序，而其他比较复杂的工作，如节点间的通信、节点失效、数据切分等，全部由 MapReduce 运行环境完成，用户无须关心这些细节。

2.2.2 应用场景

MapReduce 能够解决的问题有一个共同特点：任务可以被分解为多个子问题，且这些子问题相对独立，彼此之间不会有牵制，待并行处理完这些子问题后，任务便被解决。在实际应用中，这类问题非常庞大，MapReduce 的一些典型应用，包括分布式 grep、URL 访问频率统计、Web 连接图反转、倒排索引构建、分布式排序等。

1. 数据划分和计算任务调度

系统自动将一个作业（job）待处理的数据划分为很多个数据块，每个数据块对应于一个计算任务（task），并自动调度计算节点来处理相应的数据块。作业和任务调度功能主要负责分配和调度计算节点（Map 节点或 Reduce 节点），同时负责监控这些节点的执行状态，并负责 Map 节点执行的同步控制。其具体框架如图 2.4 所示。

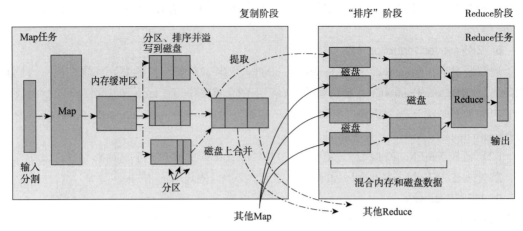

图 2.4　MapReduce 框架

2. 数据/代码互定位

为了减少数据通信，一个基本原则是本地化数据处理，即一个计算节点尽可能处理其本地磁盘上所分布存储的数据，实现了代码向数据的迁移；当无法进行这种本地化数据处理时，再寻找其他可用节点并将数据通过网络传送给该节点（数据向代码迁移），并且尽可能从数据所在的本地机架上寻找可用节点以减少通信延迟。

3. 系统优化

为了减少数据通信开销，中间结果数据进入 Reduce 节点前会进行一定的合并处理；一个 Reduce 节点所处理的数据可能会来自多个 Map 节点，为了避免 Reduce 计算阶段发生数据相关性，Map 节点输出的中间结果需要使用一定的策略进行适当的划分处理，保证相关性数据发送到同一个 Reduce 节点；此外，系统还进行一些优化处理，如对最慢的计算任务采用多备份执行、选最快完成者作为结果。

4. 出错检测和恢复

以低端商用服务器构成的大规模 MapReduce 计算集群中，节点硬件（主机、磁盘、内存等）出错和软件出错是常态，因此 MapReduce 需要能检测并隔离出错节点，并调度分配新的节点接管出错节点的计算任务。同时，系统还将维护数据存储的可靠性，用多备份冗余存储机制提高数据存储的可靠性，并能及时检测和恢复出错的数据。

2.2.3　功能特性

1. 易于扩展

可以通过向 MapReduce 集群增加服务器实现集群性能的线性增长。

2. 高可用性

MapReduce 并行计算软件框架使用了多种有效的错误检测和恢复机制，如节点自动重启技术，使集群和计算框架具有对付节点失效的健壮性，能有效处理失效节点的检测和恢复。

3. 就近计算提高效率

MapReduce 采用了数据/代码互定位的技术方法，以发挥数据本地化特点，保证运算的高效性。

4. 顺序处理数据、避免随机访问数据

由于磁盘的顺序访问要远比随机访问快得多，MapReduce 主要面向顺序式的磁盘访问，从

而尽可能地发挥磁盘 I/O 性能。

5. 为应用开发者隐藏系统层细节

MapReduce 提供了一种抽象机制将程序员与系统层细节隔离开，使程序员可以致力于其应用本身计算问题的算法设计。

2.2.4 核心功能

MapReduce 原理如图 2.5 所示。

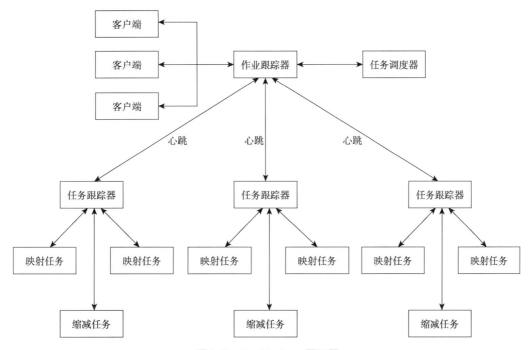

图 2.5　MapReduce 原理图

1. 客户端（client）

用户编写的 MapReduce 程序通过 Client 提交到作业跟踪器（JobTracker）端；同时，用户可通过客户端提供的一些接口查看作业运行状态。在 Hadoop 内部用"作业"表示 MapReduce 程序。一个 MapReduce 程序可对应若干个作业，而每个作业会被分解成若干个 Map/Reduce 任务。

2. 任务（task）

任务分为映射任务（Map Task）和缩减任务（Reduce Task）两种。HDFS 以固定大小的 block（块）为基本单位存储数据，而对于 MapReduce 而言，其处理单位是 split。split 与 block 的对应关系如图 2.6 所示。split 是一个逻辑概念，它只包含一些元数据信息，如数据起始位置、数据长度、数据所在节点等。它的划分方法完全由用户自己决定，split 的多少决定了 Map Task 的数目，因为每个 split 会交由一个 Map Task 处理。

Map Task 执行过程如图 2.7 所示。由该图可知，Map Task 先将对应的 split 迭代解析成一个个 key/value 对，依次调用用户自定义的 map() 函数进行处理，最终将临时结果存放到本地磁盘上，其中临时数据被分成若干个 partition（分区），每个 partition 将被一个 Reduce Task 处理。

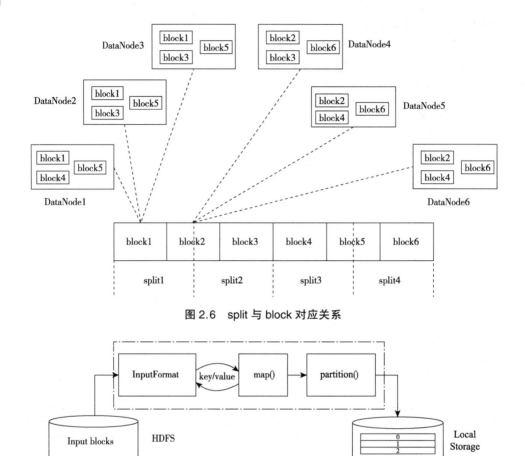

图 2.6　split 与 block 对应关系

图 2.7　Map Task 执行过程

Reduce Task 执行过程如图 2.8 所示。该过程分为三个阶段：

(1) 从远程节点上读取 Map Task 中间结果（称为"Shuffle 阶段"）。

(2) 按照 key 对 key/value 进行排序（称为"Sort 阶段"）。

(3) 依次读取<key, value list>，调用用户自定义的 reduce() 函数处理，并将最终结果存到 HDFS 上（称为"Reduce 阶段"）。

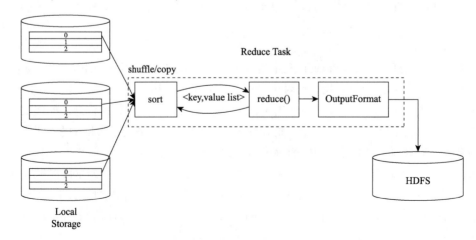

图 2.8　Reduce 执行过程

2.3 Hive

2.3.1 概述

Hive 是一个基于 Hadoop 的数据仓库平台。设计目标是，通过类 SQL 的语言实现在大规模数据集上做快速的数据查询等操作，而不需要开发相应的 MapReduce 程序。

2.3.2 应用场景

Hive 提供了一系列工具，帮助用户对大规模的数据进行提取、转换和加载，即通常所称的 ETL（extraction，transformation，loading）操作。Hive 可以直接访问存储在 HDFS 或者其他存储系统中的数据，然后将这些数据组织成表的形式，在其上执行 ETL 操作。

Hive 定义了简单的类 SQL 查询语言，它允许熟悉 SQL 的用户使用 SQL 在大规模数据集上进行数据查询、数据分析等操作。从本质上讲，Hive 就是一套 SQL 解释器，它能够将用户输入的 SQL 语句转换成 MapReduce 作业在 Hadoop 集群上执行，以达到快速查询的目的。Hive 通过内置的 Mapper 和 Reducer 来执行数据分析操作，同时 Hive 也允许熟悉 MapReduce 编程框架的用户使用 Hive 提供的编程接口实现自己的 Mapper 和 Reducer 来处理内置的 Mapper 和 Reducer 无法完成的复杂数据分析工作。

2.3.3 功能特性

（1）构建在 Hadoop 之上的所有数据都是存储在 HDFS 中，具有良好的容错性。

（2）分析查询 SQL 语句被转化为 MapReduce 任务在 Hadoop 框架中运行，节点出现问题 SQL 仍可完成执行。

（3）灵活性高，可以自定义用户函数（UDF）和自定义存储格式。

（4）易扩展，因为是基于 HDFS+MapReduce，集群扩展容易。

2.3.4 核心功能

大数据仓库的结构可以分为以下几部分，如图 2.9 所示。

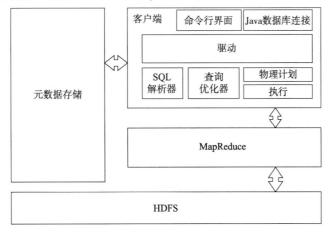

图 2.9 大数据仓库架构

用户接口主要有三个：CLI（命令行界面）、Client（客户端）和 WUI（通过浏览器访问数据仓库）。其中，最常用的是 CLI，CLI 启动时，会同时启动一个数据仓库副本。Client 是数据仓库的客户端，用户连接至数据仓库服务器。在启动 Client 模式时，需要指定数据仓库服务器所在节点，并且在该节点启动数据仓库服务器。

数据仓库将元数据存储在数据库中，如 MySQL、Derby。数据仓库中的元数据包括表的名字、表的列和分区及其属性、表的属性（是否为外部表等）、表的数据所在目录等。

解释器、编译器、优化器完成 HQL 查询语句，包括词法分析、语法分析、编译、优化以及查询计划的生成。生成的查询计划存储在 HDFS 中，并在随后由 MapReduce 调用执行。

数据仓库的数据存储在 HDFS 中，大部分查询由 MapReduce 完成（包含"＊"的查询，比如 select ＊ from tbl 不会生成 MapRedcue 任务）。

2.4 HBase

2.4.1 概述

HBase 是一个高可靠性、高性能、面向列、可伸缩的分布式存储系统。HBase 在 Insight HDFS 之上提供了存储大表数据的能力，并且对大表数据的读、写访问可以达到实时级别。HBase 不同于一般的关系数据库，它是一个适合于非结构化数据存储的数据库。HBase 的表结构设计与关系型数据库有很多不同，主要是 HBase 有 Rowkey 和列族、timestamp 这几个全新的概念，如何设计表结构就非常的重要。HBase 就是通过表 Rowkey 列族 timestamp 确定一行数据。

2.4.2 基本概念

1. Row Key

Row Key 是用来检索记录的主键。访问 HBase table 中的行有三种方式：通过单个 Row Key 访问；通过 Row Key 的 range（范围）；全盘扫描。

Row Key 可以是任意字符串，在 HBase 内部，Row Key 保存为字节数组。存储时，数据按照 Row Key 的排序存储。

2. 宽表、窄表

窄表指列少而行多，宽表指行多而列少。用户应当尽量将需要查询的维度或信息存储在行健中，因为这样筛选数据的效率最高。

2.4.3 应用场景

1. HBase 使用场景的特点

处理海量数据（TB 或 PB 级别以上）；具有高吞吐量；在海量数据中实现高效的随机读取；具有很好的伸缩能力；能够同时处理结构化和非结构化的数据；不需要完全拥有传统关系型数据库所具备的 ACID（原子性、一致性、隔离性和持久性）特性。

2. HBase 中表的特点

（1）大：一个表可以有上亿行，上百万列。

(2)面向列：面向列（族）的存储和权限控制，列（族）独立检索；

(3)稀疏：对于为空（null）的列，并不占用存储空间，因此，表可以设计得非常稀疏。

2.4.4 功能特性

1. 支持半结构化或非结构化数据

对于数据结构字段来说不够确定或杂乱无章，很难按一个概念进行抽取的数据适合用 HBase。例如，当业务发展需要存储 E-mail、电话、地址信息时，RDBMS 需要停机维护，而 HBase 支持动态增加。

2. 多版本数据

如上文提到的根据 Row key 定位到的 value 可以有任意数量的版本值，因此对于需要存储变动历史记录的数据，用 HBase 就非常方便。例如，上例中的地址是会变动的，业务上一般只需要最新的值，但有时可能需要查询到历史值。

3. 自动分区

HBase 中扩展和负载均衡的基本单元称作 region，其本质上是以行键排序的连续存储空间。如果 region 过大，系统就会把它们动态拆分；相反地，就把多个 region 合并，以减少存储文件数量。

4. 线性扩展

增加一个节点，把它指向现有的集群并允许 regionserver（服务器端）。region 会自动重新进行平衡，负载均匀分布。

2.5 Storm

2.5.1 概述

Storm 是一种分布式的、高可靠、可容错的针对大规模流式数据处理的系统。该系统帮助用户实现从各种数据来源中连续捕获和实时处理海量数据，为应用提供流式计算任务的分解、执行、管理、监控等全套解决方案。

2.5.2 应用场景

Storm 方便用户对多种流式数据进行实时分析，典型的应用场景有持续计算、条件过滤、中间计算、推荐系统、分布式 RPC（远程过程调用）、批处理、热度统计、IoT（物联网）等。

2.5.3 功能特性

1. 提供针对流式数据的实时处理能力

Storm 具备高吞吐的流式计算引擎，提供每秒百万级别的流计算处理能力。

2. 支持高容错和高可靠

实时计算引擎会监控工作进程和节点运行状况。将故障节点的任务迁移至正常节点，并保证数据的可靠性。实时计算引擎能够保证每个数据流至少被处理一次，保证数据不丢失，确保了数据的可靠性。

3. 提供可视化任务管理

提供可视化界面对作业任务进行管理,包括任务的创建、启动、停止以及任务状态和各项指标监控等。

支持远程过程调用,后台计算节点可以接受客户端的 RPC 请求,将该请求发送至流式计算任务中,并将计算结果返回到客户端。

4. 提供数据安全保障

提供包括用户认证、用户权限(服务组件使用权限)等在内的一系列安全机制。集群在响应用户请求时,对用户身份进行认证,同时校验用户是否有权限使用该服务组件。

5. 提供可视化集群监控及告警

支持以数据表格和图表方式展示物理资源的使用情况、组件节点的运行状态、连接数等,并支持针对相关指标的阈值告警功能。

6. 支持事务性

实时计算引擎提供给了直观便利的接口,可以严格按照数据流的顺序进行数据处理,满足对消息处理有着极其严格要求的场景。

7. 兼容多种开发语言

支持在实时计算引擎之上使用各种编程语言,默认支持 Clojure、Java、Ruby 和 Python,用户可按需添加编程语言。

2.6 Flume

2.6.1 概述

Flume 是一个分布式、高可靠、高可用的日志收集系统,它能够将不同数据源的海量日志数据进行高效收集、聚合、移动,最后存储到一个中心化的数据存储系统中。

2.6.2 应用场景

Flume 用来传输、提取定期生成的数据,这些数据是传输在相对稳定的、复杂的拓扑结构上的。每个数据就是一个事件(event),事件数据(event data)的概念是非常广泛的。对于 Flume 而言,一个事件就是一个 blob(二进制)字节数据。这个事件的大小是有限制的,例如,不能大于内存或硬盘或单机可以存储的大小。事实上,Flume 的事件可以是任何文件,如日志文本、图片文件等。事件的关键点是不断生成、流式的。Flume 适用于相对稳定的拓扑结构,拓扑结构可以变化,因为 Flume 可以在不丢失数据的前提下处理拓扑结构的变化,并且能容忍由于故障转移导致的周期性的重新配置。但如果每天都要改变拓扑结构,那么浪潮企业级云海 Insight 日志采集系统将不能很好地工作,因为重新配置会产生开销。

2.6.3 功能特性

Flume 用于海量日志采集、聚合和传输。同时因为数据源是可定制的,Insight 日志采集系统可用于传送大量的事件数据,包含但不限于网络的业务数据、社会媒体产生的数据、电子邮件消息,几乎任何数据源都有可能。

1. 高可靠性

Flume 的核心是把数据从数据源收集过来，再送到目的地。为了保证输送一定成功，在送到目的地之前，会先缓存数据，待数据真正到达目的地后，删除缓存的数据。当节点出现故障时，日志能够被传送到其他节点上而不会丢失。Flume 提供了三种级别的可靠性保障，所有的数据以 event 为单位传输，从强到弱依次分别为：end-to-end［收到数据 agent（代理人）首先将 event 写到磁盘上，当数据传送成功后，再删除；如果数据发送失败，可以重新发送］、store on failure［这也是 scribe（记录员）采用的策略，当数据接收方 crash（死机）时，将数据写到本地，待恢复后，继续发送］、best effort（数据发送到接收方后，不会进行确认）。

2. 可恢复性

Flume 依靠 Channel（通道）实现。如使用 FileChannel，事件持久化在本地文件系统中。

3. 功能可扩展性

用户可以根据需要添加自己的 Source（数据源）、Channel 或者 Sink（数据接收端）。此外，Flume 自带了很多组件，包括各种 Source（Avro、Spooling Directory 等）、Channel、Sink（HBase、HDFS、Kafka 等）。

4. 可管理性

Flume 提供了 Web 和 shell script command 两种形式对数据流进行管理。

2.7 Kafka

2.7.1 概述

Kafka 是一个分布式、多分区、多副本的实时消息发布和订阅系统，它提供了可扩展、高吞吐、低延迟、高可靠的消息分发服务，构成了一个很好的大规模消息处理应用解决方案。

2.7.2 基本概念

系统的所有组件服务端（broker）、消息生产者（producer）、消息消费者（consumer）都可以是分布式的，如图 2.10 所示。

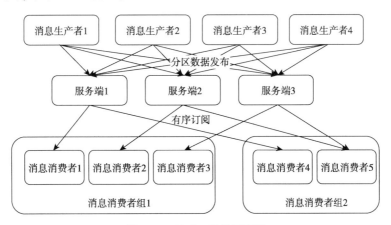

图 2.10　Kafka 组件示意图

（1）消息生产者：向 Kafka 的一个 topic 发布消息的过程叫作消息生产者。
（2）消息消费者：订阅 topic（消息主题）并处理其发布的消息的过程叫作消息消费者。
（3）服务端：缓存代理，Kafka 集群中的一个服务端节点叫作服务端。

2.7.3 应用场景

1. 监控

被监控主机向 Kafka 发送与它自身（CPU 及内存等信息）以及应用程序健康相关的指标，然后这些信息会被收集和处理从而创建监控仪表盘并发送警告。

2. 消息队列

消息队列用于实现标准的队列和消息的发布。比起大多数消息系统，Kafka 有更好的吞吐量、内置的分区、冗余及容错性。一般的消息系统吞吐量相对较低，但需要更小的端到端延时，常常依赖于 Kafka 提供的持久性保障。

3. 用户活动追踪

为了更好地理解用户行为，改善用户体验，将用户对页面的点击、阅读、分享、收藏、评论等行为信息发送到数据中心的 Kafka 集群上，并通过浪潮企业级云海 Ingsight 提供的其他大数据分析组件进行分析，生成日常报告。

4. 流处理

保存收集流数据，以提供之后对接的 Storm（流式）或其他流式计算框架进行处理。很多用户会将那些从原始 topic 来的数据进行阶段性处理、汇总，扩充或者以其他的方式转换到新的 topic 下再继续后面的处理。例如，一个文章推荐的处理流程，可能是先从 RSS（真正简单联播）数据源中抓取文章的内容，然后将其写入一个叫作"文章"的 topic 中；后续操作可能是需要对这些内容进行清理，如恢复正常数据或者删除重复数据，最后再将内容匹配的结果反馈给用户。这就在一个独立的 topic 之外，产生了一系列的实时数据处理流程。

5. 日志聚合

可使用 Kafka 代替日志聚合。日志聚合一般来说是从服务器上收集日志文件，然后放到一个集中的位置进行处理。然而，Kafka 忽略掉文件的细节，将其更清晰地抽象成一个个日志或事件的消息流，这就让处理过程延迟更低，更容易支持多数据源和分布式数据处理。比起以日志为中心的系统（如 Scribe 或者 Flume），Kafka 提供同样高效的性能和由于复本获得的高可用性保证，以及更低的端到端延迟。

6. 持久化日志

Kafka 可以为一种外部的持久性日志的分布式系统提供服务。这种日志可以在节点间备份数据，并为故障节点数据恢复提供一种重新同步的机制。Kafka 中日志压缩功能为这种用法提供了便利条件。

2.7.4 功能特性

1. 发布、订阅提供高吞吐量

Kafka 每秒可以生产约 25 万条消息（50 MB），每秒处理 55 万条消息（110 MB）。

2. 可进行持久化操作

将消息持久化到磁盘，因此可用于批量消费，例如 ETL（抽取、转换、加载）及实时应用程序。通过将数据持久化到硬盘并留存副本防止数据丢失。

3. 分布式系统

易于向外扩展，所有的消息生产者、服务端和消息消费者都会有多个，均为分布式的，无须停机即可动态扩展机器。

4. 失败时自动平衡

消息被处理的状态是在消息消费者端维护，而不是在服务器端维护，因此当失败时可以自动平衡。

5. 易用性

提供命令行、API、Web 控制台等操作和使用工具。

6. 实时监控

Kafka Web UI 用于监控 Kafka 集群的数据吞吐情况以及 topic 被消费的情况，包括 lag（滞后）的产生、offset（偏移量）的变动、partition 的分布、topic 被创建的时间和修改的时间等信息。

2.8 Spark

2.8.1 概述

Spark 是一个通用内存并行计算框架，它可以做很多类型的数据处理，如批处理、SQL、流式处理以及机器学习等。

Spark 以 Spark Core 为核心，包含 Mesos、Yarn 和自身的 Standalone 三种资源管理器，通过调度 Job 完成 Spark 应用程序的计算。这些应用程序可以来自不同的组件，如 Spark Shell/Spark Submit 的批处理、Spark Streaming 的实时处理应用、Spark SQL 的即席查询、机器学习、GraphX 的图计算和 SparkR 的数学计算（Spark 流处理中的 R 语言包），如图 2.11 所示。

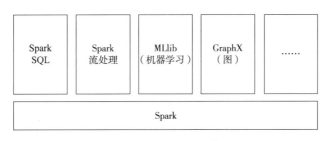

图 2.11 Spark 组成

Spark 流处理是一个对实时数据流进行高通量、容错处理的流式处理系统，可以对多种数据源（如 Kafka、Flume、Zero 和 TCP 套接字）进行类似 map（映射）、reduce（归约）和 join（连接）等复杂操作，并将结果保存到外部文件系统、数据库或应用到实时仪表盘。

Spark SQL 是一个用于处理结构化数据的 Spark 组件。它提供了称为 DataFrames 的编程抽象，并能用作一个分布式的 SQL 查询引擎。

MLlib（机器学习）是 Spark 中专注于机器学习的部分，让机器学习的门槛更低，让一些可能并不了解机器学习的用户也能方便地使用 MLlib。

GraphX（图）是 Spark 中用于图和图并行计算的 API，GraphX 在 Spark 之上提供一站式数据解决方案，可以方便且高效地完成图计算的一整套流水作业。

Spark 支持 R 语言进行快速数据分析。可在 R 语言中访问 HDFS、NoSQL 数据库或者数据仓库中的数据，能够在 R 语言中通过 SQL 进行数据的抽取、清洗、转换、预处理。支持在 R 语言中创建所需的分布式计算集群，并提供并行化 R 语言统计与机器学习基础算法库。

2.8.2 基本概念

1. Application

Application 是创建了 SparkContext 实例对象的 Spark 用户，包含 Driver（驱动）程序。

2. Spark-Shell

Spark-Shell 是一个应用程序，在启动时创建了 SparkContext 对象，其名称为 sc。

3. Job

同 Spark 的 Action 相对应，每一个 Action（如 count、savaAsTextFile 等）都会对应一个 Job 实例，该 Job 实例包含多任务的并行计算。

4. Driver Program

运行 main()函数并且新建 SparkContext 实例的程序。

5. Cluster Manager

Cluster Manager 是集群资源管理的外部服务。Spark 自带的 Standalone 模式能够满足绝大部分纯粹的 Spark 计算环境中对集群资源管理的需求，基本上只有在集群中运行多套计算框架时才建议考虑 Yarn 和 Mesos。

6. Worker Node

集群中可以运行应用程序代码的工作节点，相当于 Hadoop 的 Slave 节点。

7. Executor

在一个 Worker 节点上为应用启动的工作进程，负责任务的运行，并且负责将数据存放在内存或磁盘上。注意，每个应用在一个 Worker 节点上只会有一个 Executor，在 Executor 内部通过多线程的方式并发处理应用的任务。

8. Task

被 Driver 送到 Executor 上的工作单元，通常情况下一个 Task（任务）会处理一个 Split（分割）的数据，每个 Split 一般就是一个 Block 块的大小。

9. Stage

一个 Job（作业）会被拆分成很多任务，每一组任务称为 Stage（计算阶段），这和 MapReduce 的 Map 和 Reduce 任务很像。划分 Stage 的依据在于：一个 Stage 的开始一般是由读取外部数据或者 Shuffle 数据；一个 Stage 的结束一般是由发生 Shuffle（例如 reduceByKey 操作）或者整个 Job 结束时要把数据放到 HDFS 等存储系统上。

10. RDD

RDD 即弹性分布式数据集（resilient distributed dataset），是 Spark 的核心概念，指只读的、可分区的分布式数据集，这个数据集的全部或部分可以缓存在内存中，在多次计算间重用。

（1）RDD 的生成：从 Hadoop 文件系统（或与 Hadoop 兼容的其他存储系统）输入创建

（例如 HDFS）；从父 RDD 转换得到新 RDD；从集合转换而来。

（2）RDD 的存储：用户可以选择不同的存储级别缓存 RDD 以便重用（RDD 有 11 种存储级别）。当前 RDD 默认存储于内存，但当内存不足时，RDD 会溢出到磁盘中。

（3）RDD 的依赖（窄依赖和宽依赖）如图 2.12 所示。

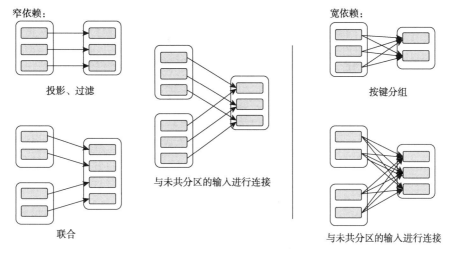

图 2.12　RDD 依赖

● 窄依赖：指父 RDD 的每一个分区最多被一个子 RDD 的分区所用。图 2.11 中投影、过滤和联合属于第一类，对输入进行协同划分（co-partitioned）的 join 属于第二类。

● 宽依赖：指子 RDD 的分区依赖于父 RDD 的所有分区，这是因为 Shuffle 类操作，如图 2.11 中的 groupByKey 和未经协同划分的 join。

这种划分有两个用处：首先，窄依赖支持在一个节点上管道化执行，例如基于一对一的关系，可以在 filter 之后执行 map；其次，窄依赖支持更高效的故障还原。因为对于窄依赖，只有丢失的父 RDD 的分区需要重新计算。而对于宽依赖，一个节点的故障可能导致来自所有父 RDD 的分区丢失，因此就需要完全重新计算。因此对于宽依赖，Spark 会在持有各个父分区的节点上，持久化中间数据用于简化故障还原，就像 MapReduce 会持久化 map 的输出一样。

（4）RDD 的操作［Transformation（转换）和 Action（动作）］：对 RDD 的操作包含转换（返回值还是一个 RDD）和动作（返回值不是一个 RDD）两种。RDD 的操作流程如图 2.13 所示。

其中，转换操作是延迟计算的，即从一个 RDD 转换生成另一个 RDD 的操作不是马上执行。Spark 在遇到转换操作时只会记录需要这样的操作，并不会去执行，需要等到有动作操作时才会真正启动计算过程进行计算。动作操作会返回结果或把 RDD 数据写到存储系统中。动作是触发 Spark 启动计算的动因。

转换操作可以分为如下几种类型：

（1）视 RDD 的元素为简单元素：

● 输入输出一对一，且结果 RDD 的分区结构不变，主要是 Map。

● 输入输出一对多，且结果 RDD 的分区结构不变，如 flatMap（Map 后由一个元素变为一个包含多个元素的序列，然后展平为一个个的元素）。

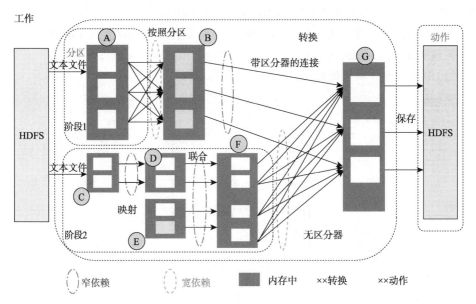

图 2.13　RDD 的操作流程

● 输入输出一对一，但结果 RDD 的分区结构发生了变化，如 union（两个 RDD 合为一个，分区数变为两个 RDD 分区数之和）、coalesce（分区减少）。

● 从输入中选择部分元素的算子，如 filter、distinct（去除重复元素）、subtract（本 RDD 有、RDD 无的元素留下来）和 sample（采样）。

（2）视 RDD 的元素为 Key-Value 对：

● 对单个 RDD 做一对一运算，如 mapValues（保持源 RDD 的分区方式，这与 Map 不同）。

● 对单个 RDD 重排，如 sort（排序）、partitionBy（实现一致性的分区划分，这个对数据本地性优化很重要）。

● 对单个 RDD 基于 key（关键词）进行重组和 Reduce，如 groupByKey、reduceByKey。

● 对两个 RDD 基于 key 进行 join（连接）和重组，如 join、cogroup。

（3）Action 操作可以分为如下几种：

● 生成标量，如 count（返回 RDD 中元素的个数）、reduce、fold/aggregate（返回几个标量）、take（返回前几个元素）。

● 生成 Scala 集合类型，如 collect（把 RDD 中的所有元素倒入 Scala 集合类型）、lookup（查找对应 key 的所有值）。

● 写入存储，如与 textFile 对应的 saveAsTextFile。

还有一个检查点算子（checkpoint），当 Lineage（谱系）特别长时（在图计算中时常发生），出错时重新执行整个序列要很长时间，可以主动调用 checkpoint 把当前数据写入稳定存储，作为检查点。

11. DataFrame

在 Spark 中，DataFrame 是一种以 RDD 为基础的分布式数据集，类似于传统数据库中的二维表格。DataFrame 与 RDD 的主要区别如图 2.14 所示，前者带有 schema 元信息，即 DataFrame 所表示的二维表数据集的每一列都带有名称和类型。这使得 Spark SQL 得以洞察更多的结构信息，从而对藏于 DataFrame 背后的数据源以及作用于 DataFrame 之上的变换进行了针对性的优化，最终达到大幅提升运行时效率的目标。反观 RDD，由于无从得知所存数据元素的具体内部结构，Spark Core 只能在 Stage（计算任务）层面进行简单、通用的流水线优化。

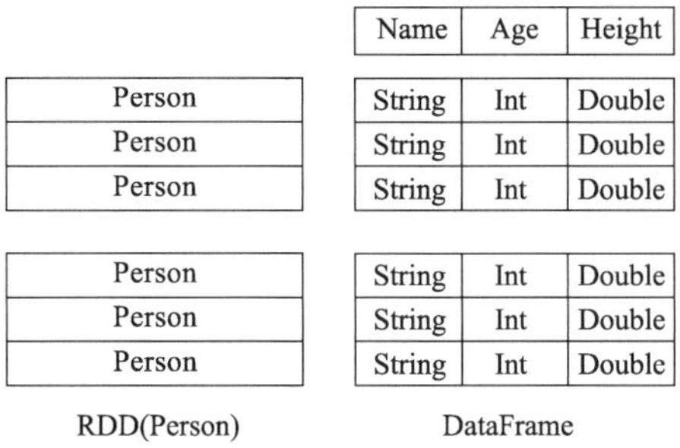

Name	Age	Height
String	Int	Double
String	Int	Double
String	Int	Double
String	Int	Double
String	Int	Double
String	Int	Double

RDD(Person)　　　　　　DataFrame

图 2.14　Dataframe 与 RDD 的主要区别

12. Dataset

Dataset 是一个强类型的特定领域的对象，这种对象可以函数式或者关系操作并行地转换。每个 Dataset 也有一个称为 DataFrame 的类型化视图，这种 DataFrame 是 Row 类型的 Dataset，即 Dataset［Row］。

Dataset 是"懒惰"的，只在执行行动操作时触发计算。本质上，数据集表示一个逻辑计划，该计划描述了产生数据所需的计算。当执行行动操作时，Spark 的查询优化程序优化逻辑计划，并生成一个高效的并行和分布式物理计划。

2.8.3　功能特性

1. 超快速数据处理

当提及大数据时，处理速度是至关重要的，我们总是寻求尽可能快地处理海量数据。Spark 可以让 Hadoop 集群中的应用程序在内存中的执行速度提升 100 倍，而在磁盘中的速度甚至也能加快 10 倍。

Spark 采用的方式是减少对磁盘的读/写次数，它把这一中间处理数据存储在内存中。Spark 使用了一个称为弹性分布式数据集的概念，这使得它可以在内存中透明地存储数据并只有在需要时才传输给磁盘。这将减少大多数数据处理的磁盘读/写，而这也正是最消耗时间的最重要因素。

2. 支持复杂查询

除了简单的 Map 和 Reduce 操作，Spark 还支持 SQL 查询、流数据处理，以及诸如机器学习和开箱即用的图形算法之类的复杂分析。不仅如此，用户还可以在一个单独工作流中将这些功能无缝地结合在一起。

3. 实时流数据处理

Spark 可以处理实时流数据，而 MapReduce 主要处理"落地"的数据。Spark 使用 Spark Streaming 操纵实时数据，但是 Hadoop 中还提供了其他一些框架，同样可以实现流数据处理。

Spark Streaming 功能特点包括以下三方面：

（1）简单：建立在 Spark 轻量级且功能强大的 API 之上，Spark Streaming 可以让用户快速开发出流应用程序。

（2）容错：不同于其他的流解决方案（如 Storm），Spark Streaming 在没有额外代码和配置的情况下可以恢复丢失的工作并提供开箱即用的唯一语义。

（3）集成：为批处理和流处理复用相同的代码，甚至把流数据加入历史数据中。

4. 集成 Hadoop 和已有的 Hadoop 数据的能力

Spark 可以独立运行，除此之外，还可以在 Hadoop 2 的 Yarn 集群管理器上运行，并且还能读取任何已有的 Hadoop 数据。Spark 可以从任何 Hadoop 数据源读取数据，如 HBase、HDFS 等，这一特性使其适用于现有的纯 Hadoop 应用程序的迁移。

5. 支持多语言

Spark 允许用 Java、Scala 或者 Python 等语言快速编写应用程序，从而有助于开发人员用各自熟悉的编程语言创建并执行应用程序。它自带一个内置指令集，支持 80 多个高级操作符。用户可以用它在 Shell 中对数据进行交互式的查询。

6. 其他增强特性

（1）统一 Scala 和 Java 中 DataFrame 和 Dataset 的 API：

从 Spark 2.0 开始，DataFrame 仅仅是 Dataset 的一个别名。有类型的方法（如 map、filter、groupByKey）和无类型的方法（如 select、groupBy）目前在 Dataset 类上可用。同样，新的 Dataset 接口也在 Structured Streaming 中使用。因为编译时类型安全在 Python 和 R 中并不是语言特性，所以 Dataset 的概念并不在这些语言中提供相应的 API。而 DataFrame 仍然作为这些语言的主要编程抽象。

（2）统一的 SparkSession：

一个新的切入点，用于替代旧的 SQLContext 和 HiveContext。对于那些使用 DataFrame API 的用户，一个常见的困惑就是正在使用哪个 context。现在可以使用 SparkSession，其包括了 SQLContext 和 HiveContext，仅仅提供一个切入点。需要注意的是为了向后兼容，旧的 SQLContext 和 HiveContext 目前仍然可以使用。

（3）基于 DataFrame 的 Machine Learning API 作为主要的 ML API：

在 Spark 2.x 中，spark.ml 包以其 pipeline API 作为主要的机器学习 API，而之前的 spark.mllib 仍然会保存，将来的开发会聚集在基于 DataFrame 的 API 上。

（4）R 的分布式算法：

在 R 语言中添加支持了 Generalized Linear Models（GLM，广义线性模型）、Naive Bayes（朴素贝叶斯）、Survival Regression（生存回归）和 K-Means（K 均值）。

（5）Spark Core、SQL、Streaming、ML API 其他更新：

Spark Core 新增 from_json 和 to_json，允许 JSON 数据和 Struct 对象（DataFrame 的核心数据结构）之间相互转换。

在 PySpark 中，增加对 dict 的支持。

Spark Streaming 已经支持 Kafka 0.8.0、0.9.0 和 0.10.0，分别通过不同的 Java 包实现（由于 Kafka 0.8.0 和 0.9.0 客户端是兼容的，可以共用 0.8.0 实现）。

Structured Streaining（结构化流式处理）引入 watermark 机制解决数据延迟到达问题。

Structured Streaining 支持全部数据存储格式，包括 parquet、csv、json、text 等。

MLlib 基于 DataFrame API 实现多类逻辑回归（multiclass logistic regression）。

ML 持久化：让模型加载逻辑与 spark 1.x 兼容，并基于 DataFrame API 实现了模型保存部分的逻辑。

（6）Spark Core、SQL、Streaming、ML 其他性能及稳定性：

引入基于 JVM 对象的聚合运算符。

Spark SQL 改进对 partition 的处理方式。在 metastore（元数据存储）中缓存 partition 元信息以解决冷启动和查询下推等问题。

Spark SQL 优化 group-by 聚集操作的性能。通过引入基于行的 hashmap（哈希映射），解决宽数据（列数非常多）的聚集性能低下问题。

Streaming 支持 long-running（长时间运行）的 Strcutured Streaming 应用，增加日志（log）回滚和清理、旧 meta data 的清理等功能，进而可以让 Strcutured Streaming 应用像服务一样永不停止地运行。

思 考 题

1. 简述 HDFS 中名称节点和数据节点的具体功能。
2. 简述 HBase 与传统关系型数据库的区别。
3. 简述 Hadoop 与 GFS 等技术之间的关系。

第二部分

典型案例实验

第3章 销售信息查询实验
第4章 气象数据探索性分析实验
第5章 地震数据分析实验
第6章 信用卡逾期预测实验
第7章 电影推荐实验
第8章 社交网络推荐实验
第9章 航班图实验
第10章 自然语言处理实验
第11章 扩展:深度主题模型

第 3 章 销售信息查询实验

3.1 实验目标

随着移动互联网的普及,传统线下零售行业纷纷转移到线上,线上零售能够更好地避免实体经营带来的地域限制、降低销售场地租用成本、打开销量。然而,精准投放广告、合理规划众多商品的价格、及时调整面向不同用户的营销策略,是在线销售的重点和难点。电商营销便于收集产品数据、用户数据和交易数据,这些数据规模庞大而且信息真实准确,它为科学地分析交易规律提供了可能。随着大数据分析技术日益成熟,利用 Spark 平台高效的数据采集及处理能力,可以深刻刻画出消费者的消费方式和消费习惯,辅助决策者深度解析销售情况、制订及调整营销计划,电商大数据分析成了在线销售行业的新挑战和新机遇。

完成本实验,应该能够:

(1) 掌握连接 Spark 集群的方法。

(2) 掌握 PySpark 连接数据库的方法及基本 SQL 查询语句。

(3) 掌握 pyecharts 中柱状图、折线图、饼图适用的情景。

(4) 掌握 Spark 导入 CSV 的方法。

3.2 实验环境

本章采用的原始数据集主要为一个名为 superstore.csv 的 CSV 文件,该文件第一行为列标签。

3.2.1 实验环境

(1) Spark 集群。

(2) Jupyter Notebook。

(3) Python 3。

3.2.2 实验源数据

本实验使用的是某超市在 2014—2017 年的销售数据,来自 Kaggle 平台,可免费下载。数据形式包括结构化数据和文本数据,包含交易编号(OrderID)、交易日期(OrderDate)、客户编号(CustomerID)等多个字段。该超市出售的商品分类只有家具、科技产品及办公用品。一行为一条交易流水数据,共有 9 994 条。主要字段描述见表 3.1。

表 3.1　交易数据主要字段描述

英 文 名 称	中 文 名 称	备　　注
OrderID	交易编号	同一次交易的交易编号相同
OrderDate	交易时间	年月日
CustomerName	用户姓名	—
ProductID	商品编号	商品唯一编号
Description	交易附言	对此项交易的文字性描述
ProductName	商品名称	—
Sales	商品单价	—
Category	商品所属种类	—
CustomerID	客户 ID	客户
Country/Region	交易国家/地区	客户所属国家/地区
…		

本节使用 SQL 语句查询表格中的内容，采用诸如排序、合计、分组统计等数据统计方法，充分展示了数据中包含的客户数目、产品销量、销售额等信息，并深度挖掘各数据类别之间的关联关系，结合现实对数据变化和分布情况进行分析和解释。

3.2.3　实验依赖库

实验主要依赖库及描述见表 3.2。

表 3.2　实验主要依赖库及描述

名　　称	描　　述
pyspark.SparkContext	Spark 平台连接
pyspark.sql.SparkSession	用于创建 Spark 连接 DataSet 和 DataFrame API 的接入点
json	json 文件读/写

3.3　实 验 方 法

3.3.1　SQL

SQL（structured query language，结构化查询语言）是用于管理关系数据库管理系统（RDBMS）的工具。SQL 的范围包括数据插入、查询、更新和删除、数据库模式创建和修改，以及数据访问控制。

SQL 可分为两部分：数据操纵语言（DML）和数据定义语言（DDL）。

查询和更新指令构成了 SQL 的 DML 部分：

(1) SELECT：从数据库表中获取数据。

(2) UPDATE：更新数据库表中的数据。

(3) DELETE：从数据库表中删除数据。

(4) INSERT INTO：向数据库表中插入数据。

SQL 的 DDL 部分使用户有能力创建或删除表格。用户也可以定义索引（键），规定表之间的链接，以及施加表间的约束。

SQL 中最重要的 DDL 语句：

(1) CREATE DATABASE：创建新数据库。
(2) ALTER DATABASE：修改数据库。
(3) CREATE TABLE：创建新表。
(4) ALTER TABLE：变更（改变）数据库表。
(5) DROP TABLE：删除表。
(6) CREATE INDEX：创建索引（搜索键）。
(7) DROP INDEX：删除索引。

3.3.2 pyecharts

Echarts 是一个由百度开源的数据可视化图表库，凭借着良好的交互性、精巧的图表设计得到众多开发者的认可。而 Python 是一门富有表达力的语言，很适合用于数据处理。当数据分析遇上数据可视化时，诞生了 pyecharts。

pyecharts 能够画出多种图形，包括柱状图、箱型图、日历图、K 线图、漏斗图、仪表盘、关系图、饼状图、雷达图、树图、词云图等，还能够实现很多常用组件以丰富图形的表达能力，包括表格组件、主题组件、时间轴组件等。

说明：新版本系列从 v1.0.0 开始，仅支持 Python 3.6 及以上版本。

3.4 实 验 过 程

3.4.1 预处理

预处理包含两个过程：①连接 Spark，并读取 CSV 文件；②预处理文件 superstore.csv。代码如下：

```
1. % matplotlib inline
2. from pyspark import SparkContext
3. from pyspark.sql import SparkSession
4. from pyspark.sql.types import StringType, DoubleType, IntegerType, StructField, StructType
5. import json
6. import os
7. sc=SparkContext('local', 'spark_project')
8. sc.setLogLevel('WARN')
9. spark=SparkSession.builder.getOrCreate()
```

1. PySpark

PySpark 是为了令 Spark 支持 Python，在 Apache Spark 社区发布的一个工具。

2. SparkContext

SparkContext 是 Spark 功能的入口点，当需要运行 Spark 应用程序时，它会启动一个驱动程序，相当于main()函数的作用。

3. SparkSession

可以用于读取JSON文件，使用DataFrame API读取所构建的DataFrame，使用Spark SQL语句对dataset实施查询。

采用Spark加载superstore.csv文件，获得电商交易数据。代码如下：

```
10. df = spark.read.format('com.databricks.spark.csv').options(header = 'true',
    inferschema = 'true').load('superstore.csv')
11. df.createOrReplaceTempView("data")    #SQL语句中查表名而不是superstore
12. spark.conf.set("spark.sql.execution.arrow.enabled", "true")
```

打印dataset的表结构，包括列名、列值类型、列值能否为空，结果如图3.1所示。

```
13. df.printSchema()
```

```
root
 |-- RowID: integer (nullable = true)
 |-- OrderID: string (nullable = true)
 |-- OrderDate: string (nullable = true)
 |-- InvoiceDate: string (nullable = true)
 |-- ShipDate: string (nullable = true)
 |-- ShipMode: string (nullable = true)
 |-- CustomerID: string (nullable = true)
 |-- CustomerName: string (nullable = true)
 |-- Segment: string (nullable = true)
 |-- Country/Region: string (nullable = true)
 |-- City: string (nullable = true)
 |-- State: string (nullable = true)
 |-- Postal Code: integer (nullable = true)
 |-- Region: string (nullable = true)
 |-- ProductID: string (nullable = true)
 |-- Category: string (nullable = true)
 |-- SubCategory: string (nullable = true)
 |-- ProductName: string (nullable = true)
 |-- Sales: string (nullable = true)
 |-- Quantity: string (nullable = true)
 |-- Discount: string (nullable = true)
 |-- Profit: double (nullable = true)
 |-- Description: string (nullable = true)
```

图3.1 dataset的表结构

3.4.2 分组功能实践

分组是指用户先根据某个属性对所有数据进行分组，然后在各组内部对数据进行排序（升序或降序），主要用到的分组SQL函数是GROUP BY。

1. 客户数最多的十个州

客户数目对于商品的销售至关重要，所以统计每个地区的客户数目是经常用到的操作。代码如下：

```
14. stateCustomerDF = spark.sql("SELECT State, COUNT(DISTINCT CustomerID) AS
countOfCustomer FROM data GROUP BY State ORDER BY countOfCustomer DESC LIMIT 10")
15. stateCustomerDF.show()
```

为了实现表中数据的排序，采用SQL语句中的GROUP BY和ORDER BY函数。具体SQL

语句如下:

```
SELECT State,COUNT(DISTINCT CustomerID) AS countOfCustomer FROM data
    -- 从表 data 中查询 State 和 CustomerID 的数目(DISTINCT 表示非重复值),并重
    -- 命名为 countOfCustomer
GROUP BY State
    -- 按照 State 分组进行上述查询
ORDER BY countOfCustomer DESC
    -- 按照 countOfCustomer 降序排列
LIMIT 10
    -- 选取前 10 条
```

排序结果如图 3.2 所示。

```
+--------------+---------------+
|         State|countOfCustomer|
+--------------+---------------+
|    California|            577|
|      New York|            415|
|         Texas|            370|
|  Pennsylvania|            257|
|      Illinois|            237|
|    Washington|            224|
|          Ohio|            202|
|       Florida|            181|
|North Carolina|            122|
|      Virginia|            107|
+--------------+---------------+
```

图 3.2 客户数目排序结果

统计每个州的客户数目,并且将客户数从多到少,对州进行排序,并使用 pyecharts 库绘制出柱状图(bar),x 轴为州名称,y 轴为某州客户数目。代码如下:

```
16. from pyecharts import options as opts
17. from pyecharts.charts import Bar
18. stateCustomerDF=stateCustomerDF.toPandas()
19. c=(
20.     Bar(
21.         init_opts=opts.InitOpts(
22.             animation_opts=opts.AnimationOpts(
23.                 animation_delay=1000, animation_easing="elasticOut"
24.             )
25.         )
26.     )
27.     .add_xaxis(stateCustomerDF["State"].tolist())
28.     .add_yaxis("客户人数", stateCustomerDF["countOfCustomer"].tolist())
29.     .set_global_opts(title_opts=opts.TitleOpts(title="客户数最多的 10 个
    州", subtitle="人数"),datazoom_opts=opts.DataZoomOpts(is_show=True),
    axispointer_opts=opts.AxisPointerOpts(is_show=True))
30.     .render("客户数最多的 10 个州.html"))
```

客户数目柱状图如图 3.3 所示。

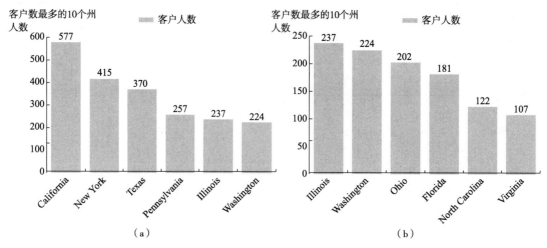

图 3.3 客户数目柱状图

从图 3.3 中可以看出，California 州的用户数目最多，这对于商品的营销策略会产生影响。

2. 销量最多的十个州

客户数反映了地区人口数目，而销量则反映了地区客户的购买能力。代码如下：

```
31. stateQuantityDF=spark.sql("SELECT State,SUM(Quantity) AS sumOfQuantity
    FROM data GROUP BY State ORDER BY sumOfQuantity DESC LIMIT 10").toPandas()
32. stateQuantityDF          #请注意为什么会产生小数
33. stateQuantityDF=stateQuantityDF.round();stateQuantityDF
```

与客户数统计方法相似，也使用到了 SQL 语句的分组查询和排序功能。具体 SQL 语句如下：

```
SELECT State,SUM(Quantity) AS sumOfQuantity FROM data
    -- 从表 data 中查询 State,并累计 Quantity 的数目,重命名为 sumOfQuantity
GROUP BY State
    -- 按照 State 分组进行上述查询
ORDER BY sumOfQuantity DESC
    -- 按照 sumOfQuantity 降序排列
LIMIT 10
    --选取前 10 条
```

分组排序结果如图 3.4 所示。

	State	sumOfQuantity		State	sumOfQuantity
0	California	13637.0	0	California	13637.272
1	New York	5116.0	1	New York	5116.198
2	Texas	4272.0	2	Texas	4272.414
3	Pennsylvania	3614.0	3	Pennsylvania	3614.383
4	Washington	3542.0	4	Washington	3541.886
5	Illinois	2903.0	5	Illinois	2903.226
6	Ohio	2863.0	6	Ohio	2863.187
7	Florida	1940.0	7	Florida	1939.531
8	New Jersey	1603.0	8	New Jersey	1602.740
9	Arizona	1597.0	9	Arizona	1596.944

图 3.4 各州销量排序

将上述查询结果绘制成图像，采用 pyecharts 中的折线图（line）对销量最多的十个州进行展示，横轴是州名称，纵轴是销量。代码如下：

```
34. from pyecharts.charts import Line
35.
36. c = (
37.     Line()
38.     .add_xaxis(stateQuantityDF['State'].tolist())
39.     .add_yaxis(
40.         "总销量",
41.         stateQuantityDF['sumOfQuantity'].tolist(),
42.         markpoint_opts=opts.MarkPointOpts(data=[opts.MarkPointItem(type_="max")]),
43.     )
44.     .set_global_opts(title_opts=opts.TitleOpts(title=""),datazoom_opts=opts.DataZoomOpts(is_show=True))
45.     .render("销量最多的十个州.html")
46. )
```

各州销量折线图如图 3-5 所示。

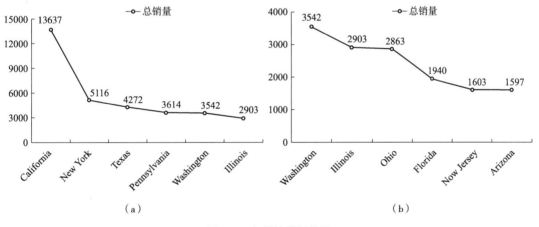

图 3.5　各州销量折线图

将销量图和客户数目图相对比可发现，客户人数较多的州销量也较多。但是每个州的人均购买力却不同，因为 California 的人数要比 New York 多百分之五十，但是总销量却比 New York 多百分之百，这说明 California 的客户购买能力更强。

3. 各个城市（排名前十）**的总销售额分布情况**

根据销量和客户数都能判断某地区的销售情况，但是销售额能更加直接地反映该地区的经济状况。代码如下：

```
47. citySumOfPriceDF = spark.sql(" SELECT City, SUM(Sales * Quantity) AS sumOfPrice FROM data GROUP BY City ORDER BY sumOfPrice DESC LIMIT 10")
48. citySumOfPrice = citySumOfPriceDF.toPandas().round();citySumOfPrice
```

这里继续采用 SQL 的分组排序功能，查询销售额的分布情况，SQL 语句如下：

```
SELECT City,SUM(Sales* Quantity) AS sumOfPrice FROM data GROUP BY City ORDER
BY sumOfPrice DESC LIMIT 10
```

将上述查询结果绘制成图像,采用 pyecharts 中的饼图(pie),可以非常直观地观察某个州销售额占总销售额的比例。代码如下:

```
49. from pyecharts.charts import Pie
50.
51. c=(
52.     Pie()
53.     .add(
54.         "",
55.         [list(z) for z in zip(citySumOfPrice['City'].tolist(),citySumOfPrice
    ['sumOfPrice'].tolist())],
56.         radius=["40% ", "75% "],
57.     )
58.     .set_global_opts(
59.         title_opts=opts.TitleOpts(title="各个城市的总销售额分布情况"),
60.         legend_opts=opts.LegendOpts(orient="vertical", pos_top="15% ",
    pos_left="2% "),
61.     )
62.     .set_series_opts(label_opts=opts.LabelOpts(formatter="{b}: {c}"))
63.     .render("各个城市的总销售额分布情况.html")
64. )
```

各个城市的总销售额分布饼图如图 3.6 所示。

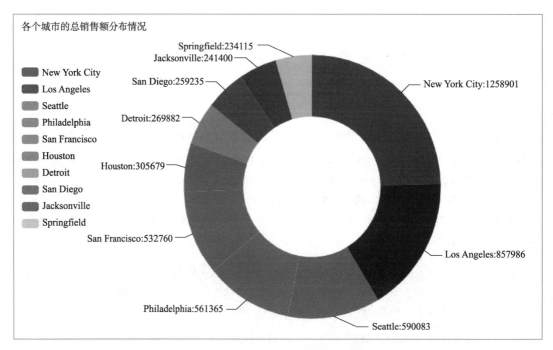

图 3.6　各个城市的总销售额分布饼图

通过单击左侧的州名称,可以去掉饼图中的某些州,只查看自己感兴趣的州的销售额情况,如图 3.7 所示。

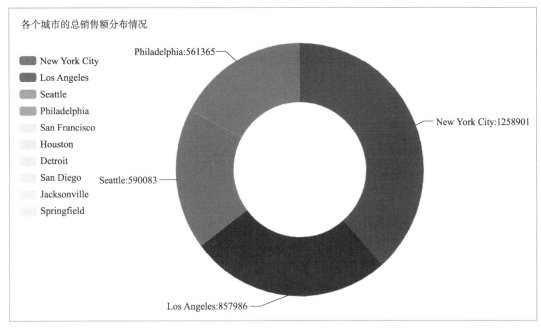

图 3.7　去掉某些州的销售额分布饼图

3.4.3　查询功能实践

在实际使用中,当数据被分组后,除了组内排序还可以对组内数据的某一属性求和、求平均或对多个属性综合计算。

1. 查询销量前十的商品子分类

代码如下:

```
65. SubCategoryQuantityDF = spark.sql ( " SELECT SubCategory, SUM (Quantity) AS sumOfQuantity FROM data GROUP BY SubCategory ORDER BY sumOfQuantity DESC LIMIT 10")
66. top10SubCategory=SubCategoryQuantityDF.toPandas().round(0);top10SubCategory
```

查询结果如图 3.8 所示。

	SubCategory	sumOfQuantity
0	Storage	10105.0
1	Furnishings	9644.0
2	Binders	8576.0
3	Paper	7813.0
4	Phones	3508.0
5	Art	3000.0
6	Accessories	2976.0
7	Chairs	2356.0
8	Envelopes	2017.0
9	Appliances	1729.0

图 3.8　各类产品销量排序

2. 查询单品平均利润排名前十的商品子类别

代码如下:

```
67. top10SubCategoryProfitDF = spark.sql ('select SubCategory, avg (Profit/
    Quantity) as price from data GROUP BY SubCategory ORDER BY price desc LIMIT
    10')
68. top10SubCategoryProfit=top10SubCategoryProfitDF.toPandas().round();
    top10SubCategoryProfit
```

查询结果如图 3.9 所示。

	SubCategory	price
0	Copiers	219.0
1	Accessories	14.0
2	Phones	14.0
3	Chairs	10.0
4	Appliances	10.0
5	Envelopes	7.0
6	Binders	7.0
7	Paper	7.0
8	Storage	7.0
9	Machines	5.0

图 3.9　产品价格排序

3. 查询折后优惠金额最多的前十笔订单

```
69. a=spark.sql('Select OrderID,ProductName,Quantity,Discount,Sales,(Sales*
    (Discount+1)-Sales) as price from data ORDER BY price desc limit 10')
70. a=a.toPandas().round()
71. a
72. import numpy as np
73. a['TOP']=np.array([1,2,3,4,5,6,7,8,9,10]);a
```

查询结果如图 3.10 所示。

	OrderID	ProductName	Quantity	Discount	Sales	price	TOP
0	CA-2016-145317	Cisco TelePresence System EX90 Videoconferenci...	6	0.5	22638.48	11319.0	1
1	US-2019-168116	Cubify CubeX 3D Printer Triple Head Print	4	0.5	7999.98	4000.0	2
2	CA-2018-143714	Canon imageCLASS 2200 Advanced Copier	4	0.4	8399.976	3360.0	3
3	CA-2016-139892	Lexmark MX611dhe Monochrome Laser Printer	8	0.4	8159.952	3264.0	4
4	CA-2018-108196	Cubify CubeX 3D Printer Double Head Print	5	0.7	4499.985	3150.0	5
5	CA-2019-127180	Canon imageCLASS 2200 Advanced Copier	4	0.2	11199.968	2240.0	6
6	CA-2019-134845	Lexmark MX611dhe Monochrome Laser Printer	5	0.7	2549.985	1785.0	7
7	CA-2016-169019	GBC DocuBind P400 Electric Binding System	8	0.8	2177.584	1742.0	8
8	CA-2017-116638	Chromcraft Bull-Nose Wood Oval Conference Tabl...	13	0.4	4297.644	1719.0	9
9	US-2017-150630	Riverside Palais Royal Lawyers Bookcase, Royal...	7	0.5	3083.43	1542.0	10

图 3.10　按优惠金额排序的订单详情

4. 查询累计销量最多的前十个城市

代码如下:

```
74. b=spark.sql('select 'City',sum(Quantity) as num from data GROUP BY 'City'
    ORDER BY num desc LIMIT 10')
75. b=b.toPandas().round();
76. b
```

	City	num
0	Los Angeles	4825.0
1	New York City	4029.0
2	San Francisco	3608.0
3	Philadelphia	3440.0
4	Seattle	3171.0
5	Chicago	1829.0
6	Houston	1560.0
7	Belleville	1106.0
8	San Diego	1029.0
9	Columbus	987.0

图 3.11 累计销量最多的前十个城市

5. 查询消费最多的前十位用户

```
77. c=spark.sql('select CustomerName,sum(Sales) as price from data GROUP BY
    CustomerName ORDER BY price desc LIMIT 10')
78. c.toPandas()
```

查询结果如图 3.12 所示。

	CustomerName	price
0	Sean Miller	25043.050
1	Tamara Chand	19017.848
2	Raymond Buch	15117.339
3	Tom Ashbrook	14595.620
4	Adrian Barton	14355.611
5	Sanjit Chand	14142.334
6	Ken Lonsdale	14071.917
7	Hunter Lopez	12873.298
8	Sanjit Engle	12209.438
9	Christopher Conant	12129.072

图 3.12 消费最多的前十位用户

3.5 实验总结

本实验学习了如何连接 Spark 集群、使用 PySpark 进行数据库连接和 SQL 查询、在 PyEcharts 中应用不同图表类型以及导入 CSV 数据。

思 考 题

1. 如何画出可叠加的柱状图？
2. 可以用什么图来表现城市总销售额和客户数目的关系？

第 4 章 气象数据探索性分析实验

4.1 实验目标

随着气象数据的广泛收集和应用,传统气象观测已逐渐向数字化、网络化方向发展。从传统气象观测站到遥感卫星,再到互联网上的气象数据服务,气象数据的获取和利用方式发生了革命性的变化。在线气象数据服务能够更好地避免地域限制,实现全球范围内的数据共享和交流;同时也降低了数据采集成本和提高了数据采集的时效性。然而,随着数据规模的增大和数据类型的多样化,精准分析和利用气象数据成了当前气象领域的重要挑战和机遇。

完成本实验,应该能够:

(1) 了解 Spark 中的数据读取方式。
(2) 了解 Spark 的运行机制。
(3) 了解机器学习中数据探索性分析,预处理的形式。

4.2 实验环境

4.2.1 实验环境

Jupyter notebook \ pySpark3.0、pandas、pandas_profiling。

4.2.2 实验源数据

实验源数据见表 4.1。

表 4.1 实验源数据

rowID	行 ID 标识	rowID	行 ID 标识
hpwren_timestamp	时间戳	max_wind_speed	最大风速
air_pressure	气压	min_sind_direction	最小风向
air_temp	气温(华氏度)	min_wind_speed	最小风速
avg_wind_direction	平均风向	rain_accumulation	累计雨量
avg_wind_speed	平均风速	rain_duration	降雨持续时间
max_wind_direction	最大风向	relative_humidity	相对湿度

4.2.3 实验依赖库

实验主要依赖库见表4.2。

表 4.2 实验主要依赖库

名 称	描 述
pyspark.SparkContext	Spark 平台连接
pandas_profiling	基于 pandas 的 DataFrame 数据类型，可以简单快速地进行探索性数据分析

4.3 实验方法

4.3.1 PySpark 简介

Apache Spark 是用 Scala 编程语言编写的。任何 Spark 程序都是从 SparkContext（Spark 环境上下文）开始的，如图 4.1 所示。SparkContext 的初始化需要一个 SparkConf 对象，SparkConf 包含了 Spark 集群配置的各种参数。SparkContext 是 PySpark 的编程入口，作业的提交、任务的分发、应用的注册都会在 SparkContext 中进行。一个 SparkContext 实例代表和 Spark 的一个连接，只有建立了连接才可以把作业提交到集群中。实例化 SparkContext 之后才能创建 RDD 和 Broadcast 广播变量。

初始化后，就可以使用 SparkContext 对象所包含的各种方法来创建和操作 RDD 和共享变量。

通过创建 SparkConf 对象来配置应用，然后基于这个 SparkConf 创建一个 SparkContext 对象。驱动器程序通过 SparkContext 对象来访问 Spark，这个对象代表对计算集群的一个连接。一旦有了 SparkContext，就可以用它来创建 RDD。

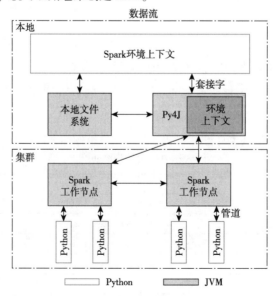

图 4.1 数据流

4.3.2 探索性数据分析

pandas 的 describe( ) 和 info( ) 函数,用来查看数据的整体情况,如平均值、标准差等,即所谓的探索性数据分析(EDA)。

如果想更方便快捷地了解数据的全貌,可以采用一个 Python 库 pandas_profiling,这个库只需要一行代码就可以生成数据 EDA 报告。

对于数据集的每一列,pandas_profiling 会提供以下统计信息:

(1) 概要:数据类型、唯一值、缺失值、内存大小。

(2) 分位数统计:最小值、最大值、中位数、Q1(第一四分位数)、Q3(第三四分位数)、最大值、值域、四分位。

(3) 描述性统计:均值、众数、标准差、绝对中位差、变异系数、峰值、偏度系数。

(4) 最频繁出现的值,直方图/柱状图。

(5) 相关性分析可视化:突出强相关的变量、Spearman、Pearson 矩阵相关性色阶图,并且这个报告可以导出为 HTML 文件,非常方便查看。

4.4 实验过程

4.4.1 导入 Spark 环境

通过 Spark 导入数据,观察表结构及各字段的类型。代码如下:

```
1. from pyspark import SparkConf, SparkContext
2. from pyspark.sql import SparkSession
3. from pyspark.sql.functions import count, when, split, posexplode
4. conf=SparkConf().setMaster("local").setAppName("preprocessing") #需要着
   重了解 setMaster 这一设置的意义,以及 Spark 集群是如何关联到 Standalone/yarn...
5. sc=SparkContext(conf=conf)
6. sc.setLogLevel('WARN')
7. spark=SparkSession.builder.config(conf=SparkConf()).getOrCreate()
8. rawData=spark.read.format('csv') \
9.     .options(header='true', inferschema='true') \
10.    .load('./minute_weather.csv')
11. rawData.printSchema()
```

运行结果如图 4.2 所示。

观察表中数据,代码如下:

```
12. rawData.show(5)
```

```
1  root
2   |-- rowID: integer (nullable=true)
3   |-- hpwren_timestamp: string (nullable=true)
4   |-- air_pressure: double (nullable=true)
5   |-- air_temp: double (nullable=true)
6   |-- avg_wind_direction: double (nullable=true)
7   |-- avg_wind_speed: double (nullable=true)
8   |-- max_wind_direction: double (nullable=true)
9   |-- max_wind_speed: double (nullable=true)
10  |-- min_wind_direction: double (nullable=true)
11  |-- min_wind_speed: double (nullable=true)
12  |-- rain_accumulation: double (nullable=true)
13  |-- rain_duration: double (nullable=true)
14  |-- relative_humidity: double (nullable=true)
```

图 4.2　表结构及各字段类型

运行结果如图 4.3 所示。

```
+-----+-------------------+------------+--------+------------------+--------------+------------------+--------------+
|rowID|  hpwren_timestamp|air_pressure|air_temp|avg_wind_direction|avg_wind_speed|max_wind_direction|max_wind_speed|
|min_wind_direction|min_wind_speed|rain_accumulation|rain_duration|relative_humidity|
+-----+-------------------+------------+--------+------------------+--------------+------------------+--------------+
|    0|2011-09-10 00:00:49|       912.3|   64.76|              97.0|           1.2|             106.0|
  1.6|          85.0|            1.0|         null|         null|          60.5|
|    1|2011-09-10 00:01:49|       912.3|   63.86|             161.0|           0.8|             215.0|
  1.5|          43.0|            0.2|          0.0|          0.0|          39.9|
|    2|2011-09-10 00:02:49|       912.3|   64.22|              77.0|           0.7|             143.0|
  1.2|         324.0|            0.3|          0.0|          0.0|          43.0|
|    3|2011-09-10 00:03:49|       912.3|    64.4|              89.0|           1.2|             112.0|
  1.6|          12.0|            0.7|          0.0|          0.0|          49.5|
|    4|2011-09-10 00:04:49|       912.3|    64.5|             185.0|           0.4|             260.0|
  1.0|         100.0|            0.1|          0.0|          0.0|          58.8|
+-----+-------------------+------------+--------+------------------+--------------+------------------+--------------+
only showing top 5 rows
```

图 4.3　显示表中的数据

4.4.2　使用 Pandas-profiling 进行数据探索性分析

建议在计算机中安装 pandas-profiling 包。请查看该生成文件，注意需要 20 min 左右的运行时间。代码如下：

```
13. #请查看该生成文件,注意需要20 min左右的运行时间。建议初次运行时跳过这个代码块
14. import pandas_profiling
15. pfr=pandas_profiling.ProfileReport(df)
16. pfr.to_file(output_file='result.html')
```

运行结果：生成 result.html 文件，双击打开文件，观察各个字段的统计性描述、数据分布、数据相关性等内容。

4.4.3　使用 pandas 来进行数据清洗

查看数据总行数。代码如下：

```
17. rawData.count()
```

运行结果：1587257

将数据量缩小为原有的十分之一。代码如下：

```
18. filteredDF=rawData.filter((rawData.rowID % 10)==0)
19. filteredDF.count()
```

运行结果：158726

将 Spark Dataframe 的统计性描述转换为 pandas 的 Dataframe 并观察各个字段。代码如下：

```
20. filteredDF.describe().toPandas().transpose()
```

运行结果如图 4.4 所示。

summary	count	mean	stddev	min	max
rowID	158726	793625.0	458203.9375103623	0	1587250
hpwren_timestamp	158726	None	None	2011-09-10 00:00:49	2014-09-10 23:53:29
air_pressure	158726	916.830161410269	3.0517165528304218	905.0	929.5
air_temp	158726	61.8515891536367	11.83356921064173	31.64	99.5
avg_wind_direction	158680	162.15610032770354	95.27820101905971	0.0	359.0
avg_wind_speed	158680	2.7752148979077846	2.0576239697426213	0.0	31.9
max_wind_direction	158680	163.46214393748426	92.45213853838614	0.0	359.0
max_wind_speed	158680	3.400557726241582	2.4188016208098935	0.1	36.0
min_wind_direction	158680	166.77401688933702	97.44110914784639	0.0	359.0
min_wind_speed	158680	2.13466641038568777	1.742112505242431	0.0	31.6
rain_accumulation	158725	3.17845329973285E-4	0.011235979086039903	0.0	3.12
rain_duration	158725	0.4096267128681682	8.665522693479836	0.0	2960.0
relative_humidity	158726	47.609469778108426	26.214408535061995	0.9	93.0

图 4.4　查看表中数据

分别查看 rain_accumulation＝0 和 rain_duration＝0 的数据量。代码如下：

```
21. filteredDF.filter(filteredDF.rain_accumulation==0).count()
22. output: 157812
23. filteredDF.filter(filteredDF.rain_duration==0.0).count()
```

运行结果：157237

不等于 0 的不足 1%，所以去掉这两行以及时间相关这一行。代码如下：

```
24. workingDF=filteredDF.drop('rain_accumulation').drop('rain_duration').drop
    ('hpwren_timestamp')
workingDF.count()
```

运行结果：158726

统计删除之后的数据。代码如下：

```
25. before=workingDF.count()
26. workingDF=workingDF.na.drop()
27. after=workingDF.count()
28. before-after
```

运行结果：46

再次观察清洗后的数据统计性描述。代码如下：

```
29. workingDF.describe().toPandas().transpose()
```

运行结果如图 4.5 所示。

summary	count	mean	stddev	min	max
rowID	158680	793627.3355810436	458198.0363632447	0	1587250
air_pressure	158680	916.8304071086864	3.0516872463869915	905.0	929.5
air_temp	158680	61.85578258129656	11.832515817122273	31.64	99.5
avg_wind_direction	158680	162.15610032770354	95.27820101905971	0.0	359.0
avg_wind_speed	158680	2.7752149897907846	2.0576239697426213	0.0	31.9
max_wind_direction	158680	163.46214393748426	92.45213853838614	0.0	359.0
max_wind_speed	158680	3.400557726241582	2.4188016208098935	0.1	36.0
min_wind_direction	158680	166.77401688933702	97.44110914784639	0.0	359.0
min_wind_speed	158680	2.1346641038568777	1.742112505242431	0.0	31.6
relative_humidity	158680	47.59692021678876	26.2078311436699	0.9	93.0

图 4.5 清洗后的数据

4.4.4 将清洗后的数据转换成 pandas 的 DataFrame

相对于 Spark 中的 show() 方法更便于观察数据结构。根据最大风速和最大风向与平均风速、平均风向强相关，故删除这两行。代码如下：

```
30. df=workingDF.toPandas()
31. df       #便于观察
```

运行结果如图 4.6 所示。

	rowID	air_pressure	air_temp	avg_wind_direction	avg_wind_speed	min_wind_direction	min_wind_speed	relative_humidity
0	0	912.3	64.76	97.0	1.2	85.0	1.0	60.5
1	10	912.3	62.24	144.0	1.2	115.0	0.6	38.5
2	20	912.2	63.32	100.0	2.0	91.0	1.5	58.3
3	30	912.2	62.60	91.0	2.0	71.0	1.4	57.9
4	40	912.2	64.04	81.0	2.6	68.0	1.4	57.4
...	...	...	...	...	...	...	...	...
158675	1587210	915.9	75.56	330.0	1.0	310.0	0.8	47.8
158676	1587220	915.9	75.56	330.0	1.1	316.0	0.9	48.0
158677	1587230	915.9	75.56	344.0	1.4	338.0	1.2	48.0
158678	1587240	915.9	75.20	359.0	1.3	347.0	1.0	46.3
158679	1587250	915.9	74.84	6.0	1.5	349.0	1.9	46.1

158680 rows × 8 columns

图 4.6 将数据转换成 DataFrame 结构

4.5 实验总结

本实验讲解了如何使用 Spark 读取数据,在数据进行探索性分析的同时,也对数据清洗的方法做了初步介绍。

思 考 题

1. 假设相对湿度为需要预测的目标变量,应该对本实验数据做哪些特征工程以提升模型的表现?

2. 对比 pandas、Vaex 与 Spark 库之间的差异,了解 Spark RDD 是如何加速数据运算的。(提示:RDD 的宽依赖/窄依赖)

3. 探究实验第一步代码中第四行中 SparkConf().setMaster() 方法的作用(提示:pySpark 如何与 Yarn、Mesos 等资源管理框架关联)。

第 5 章 地震数据分析实验

5.1 实验目标

随着信息产业的技术变革，云计算、物联网等技术应运而生，人类迎来了大数据时代。大数据不仅是计算机行业技术的变革成果，也必将对地震行业具有深远的影响。在地震数据处理过程中，通过对大量、复杂、多源数据的整合与挖掘，达到为地震预测研究服务的目的。

近年来，地震信息化发展迅速，地震行业也将伴随着不断增长的数据量和数据种类衍生出"大数据"现象，挖掘"地震大数据"核心价值及其对行业发展提供的深刻、全面的洞察力，对地震数据管理、应急决策、震情分析、信息服务都将产生巨大的影响。

完成本实验，应该能够：

（1）掌握 NumPy 的基本数据对象及使用方法。

（2）掌握 pandas 的使用方法。

5.2 实验环境

5.2.1 实验环境

（1）Spark 集群。

（2）Jupyter Notebook。

（3）Python 3。

5.2.2 实验源数据

实验基于 1999—2019.csv 和 earthquake.csv 两个数据文件中的数据对地震数据进行分析。主要变量解释见表 5.1。

表 5.1 地震数据主要变量解释

变量名	变量解释	变量名	变量解释
time	时间	id	序号
latitude	纬度	updated	更新时间
longitude	经度	place	—
depth	深度	type	引发类型

续表

变量名	变量解释	变量名	变量解释
mag	震级	horizontalError	水平误差
magType	震级类型	depthError	—
nst	—	magError	震级误差
gap	—	magNst	—
dmin	—	status	状态
rms	均方根	locationSource	地址来源
net	—	magSource	震级来源

5.2.3 实验依赖库

本实验需要使用的第三方库，见表 5.2。

表 5.2 实验主要依赖库描述

名称	描述
NumPy	科学计算库
pandas	数据分析库
Matplotlib	可视化库
seaborn	基于 Matplotlib 的开源可视化库

5.3 实验方法

本实验使用 NumPy、pandas、Matplotlib 三个第三方开源库完成地震数据的数据清洗和数据分析，需要分别了解并逐步掌握以上库的使用方法。

5.3.1 NumPy 简介

NumPy 库是 Python 技术体系中最著名的科学计算库。它提供了多维数组和相关函数，实现了复杂的数据处理和计算，是其他科学计算库的基础组成。NumPy 多用于数据分析、科学研究和机器学习。

NumPy 提供了以下主要功能：
(1) 提供快速、节约空间的多维数组，具备矢量运算和广播能力。
(2) 具备大量的标准数学函数。
(3) 提供多种读/写磁盘文件和内存映射文件的工具，方便文件与数组的数据交换。
(4) 提供了线性代数、傅里叶变换、随机生成等数学计算功能。
(5) 提供了 C、C++、Fortran 等语言的接口，方便扩充 NumPy 功能。

NumPy 主要实现 ndarray 和 ufunc 两个类对象，并提供了相关计算功能：
(1) ndarray 是 NumPy 的数据存储对象，代表 N 维（dimensional）数组（array），用于存储不同维数的不同类型的数据。
(2) ufunc 是能够对数组进行处理的标准函数。NumPy 的很多函数都是使用 C 语言开发实现的，因此执行速度非常快。

5.3.2 pandas 简介

pandas 是用于 Python 语言的一个数据分析库，它设计之初是用于金融数据的分析处理，所以具备基于时间序列的分析功能。pandas 的名称为 panel data（面板数据）和 data analysis（数据分析）的结合。

pandas 可以处理的范围远超 SQL 数据库表，还可以处理 Excel 表数据、各种数据文件数据（csv、hdf5 等）、各种源于 Web 的数据。

pandas 处理数据具有以下优点：

（1）易于处理缺失数据，如带 NaN（非数）的数据。

（2）可以灵活处理二维表（包括多层嵌套表）的行、列数据，包括行列大小的调整。

（3）具有灵活的分组功能，可以对数据集进行拆分、组合操作。

（4）可以将其他 Python 和 NumPy 数据结构中的不规则索引数据转换为 DataFrame 对象。

（5）基于智能的标签切片、花式索引及截取子数据集。

（6）提供多 DataFrame 对象，竖向连接、横向合并功能。

（7）提供基于时间序列的特定功能，如日期范围生成和频率转换、移动窗口统计、移动窗口线性回归、日期转换等。

（8）提供数据可视化操作功能。

pandas 库主要提供 Series、DataFrame 两类的数据结构对象，用于数据的存储及分析处理。Series 是一维带标签（label）的类似数组对象，能够保存 Python 所支持类型的值，如整数、字符串、浮点数、布尔值及 Python 对象。标签又称索引（index），可以是数值索引，也可以是字符串名称索引。DataFrame 是二维表型的数据结构对象，主体分数据和索引两部分。数据是 DataFrame 对象存储及数据处理的元素集合，横向的记录为行（row），竖向的记录为列（column），索引分行索引（row index）和列索引（column index）。

5.3.3 Matplotlib 简介

数据分析、科学计算、机器学习都需要通过数字图像化来直观地判断运算结果。Matplotlib 是可用于 Python 语言的通用可视化开源库，它为开发者提供了功能强大的二维、三维及动画展示效果，可以被 NumPy、SciPy、pandas、Scikit-learn 等第三方库调用。

5.4 实 验 过 程

5.4.1 准备工作

如果实验环境中尚未安装 pyecharts 扩展库，可以使用以下命令在 Jupyter Notebook 中直接进行安装。安装所需时间根据所在网络环境的情况而有所不同。代码如下：

```
1. ! pip install pyecharts
```

pyecharts 安装执行结果如图 5.1 所示。

```
Collecting pyecharts
  Downloading pyecharts-1.8.1-py3-none-any.whl (134 kB)
     |████████████████████████████████| 134 kB 11 kB/s eta 0:00:01
Collecting prettytable
  Downloading prettytable-0.7.2.tar.bz2 (21 kB)
Collecting simplejson
  Downloading simplejson-3.17.2-cp37-cp37m-manylinux2010_x86_64.whl (128 kB)
     |████████████████████████████████| 128 kB 7.8 kB/s ta 0:00:01
Requirement already satisfied: jinja2 in /home/test/anaconda3/lib/python3.7/site-packages (from pyecharts) (2.11.1)
Requirement already satisfied: MarkupSafe>=0.23 in /home/test/anaconda3/lib/python3.7/site-packages (from jinja2->pyecharts) (1.1.1)
Building wheels for collected packages: prettytable
  Building wheel for prettytable (setup.py) ... done
  Created wheel for prettytable: filename=prettytable-0.7.2-py3-none-any.whl size=13698 sha256=70e6cb5ad42fdc462e3feed94bd022b69472a83151d6c1ada61f9ab4c82787c8
  Stored in directory: /home/test/.cache/pip/wheels/8c/76/0b/eb9eb3da7e2335e3577e3f96a0ae9f74f206e26457bd1a2bc8
Successfully built prettytable
Installing collected packages: prettytable, simplejson, pyecharts
Successfully installed prettytable-0.7.2 pyecharts-1.8.1 simplejson-3.17.2
```

图 5.1　pyecharts 安装执行结果

为了将 Matplotlib 绘制的图像直接显示在页面中而不是弹出一个窗口，需要使用 % matplotlib inline。这是一个 IPython 预先定义好的魔法函数（magic functions），使用之后就不需要使用 plt.show( ) 来显示图片。因为这是 IPython 中的命令函数，因此只能在 Jupyter Notebook 中使用，在其他地方使用或者直接运行会报错。代码如下：

```
2. % matplotlib inline
```

使用 import 导入本次实验所需要的模块，并使用 as 为导入的模块或对象设置别名。代码如下：

```
3. import numpy as np
4. import pandas as pd
5. import matplotlib.pyplot as plt
6. import seaborn as sns
```

使用 pandas 处理数据时，需要首先将数据读取到 DataFrame 对象中。pandas 提供了 read_csv( ) 函数来读取 csv 格式的文件对象。如果需要读入大型文件，一次读取文件中的全部数据可能会导致内存不足引起的错误，可以在使用 read_csv( ) 函数时使用 nrows 参数指定一次读取的行数。

本实验使用 read_csv( ) 函数分别读取 1999—2019.csv 和 earthquake.csv 两个数据文件。其中"./"表示被读取的文件同当前所执行的代码文件在同一目录下。代码如下：

```
7. eq_20_years=pd.read_csv('./1999-2019.csv')
8. eq1_year=pd.read_csv('./earthquake.csv')
9. eq_sichuan=pd.read_csv('./sichuan.csv')
```

在使用 read_csv( ) 函数读取数据之后，需要观察读取的数据是否为指定文件中的数据并初步判断读取数据的准确性，可以使用 head( ) 函数读取 DataFrame 对象中的数据。默认情况下，head( ) 函数只读取前五行的数据。对于针对 1999—2019.csv 文件读取后的 DataFrame 对象使用 head( ) 函数，可以看到如图 5.2 的结果。代码如下：

```
10. eq_20_years.head()
```

	time	latitude	longitude	depth	mag	magType	nst	gap	dmin	rms	...	updated	place	type
0	2009-06-24T22:36:30.600Z	17.388	-93.958	194.9	4.7	mb	184.0	72.4	NaN	NaN	...	2014-11-07T01:39:11.574Z	Veracruz, Mexico	earthquake
1	2009-06-24T21:03:14.090Z	-21.477	-66.742	212.8	4.5	mb	24.0	66.1	NaN	0.82	...	2014-11-07T01:39:11.551Z	Potosi, Bolivia	earthquake
2	2009-06-24T19:09:23.000Z	-6.769	105.118	34.9	4.6	mb	41.0	60.7	NaN	0.69	...	2014-11-07T01:39:11.547Z	Sunda Strait, Indonesia	earthquake
3	2009-06-24T18:06:15.560Z	3.579	126.793	59.2	4.8	mb	70.0	89.4	NaN	1.31	...	2014-11-07T01:39:11.542Z	Kepulauan Talaud, Indonesia	earthquake
4	2009-06-24T16:51:21.320Z	3.986	132.776	35.0	4.6	mb	25.0	72.8	NaN	0.76	...	2014-11-07T01:39:11.536Z	Palau region	earthquake

5 rows × 22 columns

图 5.2　用 head( ) 函数查看前五行数据执行结果

为了更加全面地了解所分析数据的信息，可以使用 info( ) 函数查看 DataFrame 的摘要信息。代码如下：

```
11. eq_20_years.info()
```

对于针对 1999—2019.csv 文件读取后的 DataFrame 对象使用 info( ) 函数，可以看到如图 5.3 所示的结果。

```
<class 'pandas.core.frame.DataFrame'>
RangeIndex: 134063 entries, 0 to 134062
Data columns (total 22 columns):
 #   Column           Non-Null Count   Dtype
---  ------           --------------   -----
 0   time             134063 non-null  object
 1   latitude         134063 non-null  float64
 2   longitude        134063 non-null  float64
 3   depth            134063 non-null  float64
 4   mag              134063 non-null  float64
 5   magType          134063 non-null  object
 6   nst              86665 non-null   float64
 7   gap              114978 non-null  float64
 8   dmin             42230 non-null   float64
 9   rms              129250 non-null  float64
 10  net              134063 non-null  object
 11  id               134063 non-null  object
 12  updated          134063 non-null  object
 13  place            134061 non-null  object
 14  type             134063 non-null  object
 15  horizontalError  34824 non-null   float64
 16  depthError       76140 non-null   float64
 17  magError         40740 non-null   float64
 18  magNst           105458 non-null  float64
 19  status           134063 non-null  object
 20  locationSource   134063 non-null  object
 21  magSource        134063 non-null  object
dtypes: float64(12), object(10)
memory usage: 22.5+ MB
```

图 5.3　用 info( ) 函数查看 DataFrame 摘要信息执行结果

实验过程中，可以使用 DataFrame 的 iloc( ) 和 loc( ) 函数进行数据筛选。iloc( ) 使用下标索引进行筛选，loc 使用标签（行列名）进行筛选，两个函数都支持切片操作。

```
12. eq_20_year.iloc[100]
```

实验结果如图 5.4 所示。

```
time                              2009-06-17T07:08:17.480Z
latitude                                            51.606
longitude                                         -175.234
depth                                                 31.0
mag                                                    5.6
magType                                                mwc
nst                                                  337.0
gap                                                   40.4
dmin                                                   NaN
rms                                                   1.02
net                                                     us
id                                               usp000gy9v
updated                           2019-02-13T12:05:24.071Z
place                    Andreanof Islands, Aleutian Islands, Alaska
type                                             earthquake
horizontalError                                        NaN
depthError                                             NaN
magError                                               NaN
magNst                                                 NaN
status                                             reviewed
locationSource                                          us
magSource                                             gcmt
Name: 100, dtype: object
```

图 5.4 iloc( )函数执行结果

5.4.2 数据清洗

在数据分析之前，需要对已经读取的数据进行处理，如筛选分析所需要的列、数据类型转换等操作。

使用 DataFrame 的 columns 属性可以获得一个 Index 类型的列索引列表。代码如下：

13. eq_20_years.columns

执行结果如图 5.5 所示。

```
Index(['time', 'latitude', 'longitude', 'depth', 'mag', 'magType', 'nst',
       'gap', 'dmin', 'rms', 'net', 'id', 'updated', 'place', 'type',
       'horizontalError', 'depthError', 'magError', 'magNst', 'status',
       'locationSource', 'magSource'],
      dtype='object')
```

图 5.5 columns 属性执行结果

使用列表指定筛选需要的列索引，之后对已经读取的数据进行列筛选。代码如下：

14. cols=['time', 'latitude', 'longitude', 'depth', 'mag',
15.   'magType', 'id', 'place', 'type', 'status']
16. eq_20_years=eq_20_years[cols]
17. eq1_year=eq1_year[cols]
18. eq_sichuan=eq_sichuan[cols]

执行以上代码之后，eq_20_years 对象中前五行数据如下：

```
            time      latitude  longitude  depth  mag  magType
0  2009-06-24T22:36:30.600Z   17.388   -93.958  194.9  4.7       mb
1  2009-06-24T22:10:53.490Z   24.037   122.265   36.9  4.9       mb
2  2009-06-24T21:09:51.300Z   23.850   122.410   18.4  4.9      mwc
3  2009-06-24T21:03:14.090Z  -21.477   -66.742  212.8  4.5       mb
4  2009-06-24T19:09:23.000Z   -6.769   105.118   34.9  4.6       mb

         id                   place        type    status
0  usp000gyjr         Veracruz, Mexico  earthquake  reviewed
1  usp000gyjq            Taiwan region  earthquake  reviewed
2  usp000gyjn            Taiwan region  earthquake  reviewed
3  usp000gyjm          Potosi, Bolivia  earthquake  reviewed
4  usp000gyjk  Sunda Strait, Indonesia  earthquake  reviewed
```

图 5.6 eq_20_years 对象中前五行数据

实际处理数据过程中，时间的格式有多种，可以使用 pandas 的 to_datetime() 函数将数据转换为所需时间格式。

```
19. eq_20_years['time']=pd.to_datetime(eq_20_years['time'])
20. eq1_year['time']=pd.to_datetime(eq1_year['time'])
21. eq_sichuan['time']=pd.to_datetime(eq_sichuan['time'])
```

执行以上代码之后，获取 eq_20_years 对象中前五行的 time 列数据。

5.4.3 数据分析

经过上述数据处理之后，可以通过 Python 代码对处理后的数据进行分析，得到以下四个问题的一些结论。

(1) 数据能否反映出地震是否越来越频繁，还是报道得比较多而已？
(2) 引发地震的因素有哪些？
(3) 全世界地震频发的地区有哪些？
(4) 近 20 年有哪些引发全世界关注的大地震？

```
22. eq_20_years.sample(5)        # 从近20年的数据中随机抽取5个样本
23. eq_20_years.index=eq_20_years['time']     # 将'time'列指定为索引列
24. eq_20_years['year']=eq_20_years['time'].dt.year    # 通过 dt.year 从 'time'列
                                 # 中获取年份信息，并将该信息作为新的一列添加到 eq_20_years 中
```

选取 2000 年 1 月 1 日到 2019 年 6 月 24 日的数据，生成折线图（参数 kind 默认值为 'line'）。DataFrame 的 plot() 函数默认生成折线图，横坐标是 DataFrame 的 index 属性指定的列，纵坐标是 DataFrame 数据中的某一列名指定，这里是 'mag'（earthquake magnitude）。执行下面两行代码可以得到 2000 年到 2020 年的震级折线图（见图 5.7），这张折线图忽略了地域的区别，是世界各地的震级数据可视化的结果。

```
25. eq_20_years=eq_20_years[eq_20_years['time'] > ('2000-01-01 00:00:00')]
26. eq_20_years['mag'].plot()
```

如果横坐标数据比较稀疏，例如将时间限制在 2019 年 06 月 20 日之后，可以看到如图 5.8 所示结果。

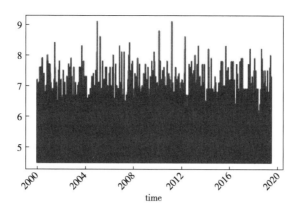

图 5.7　2000 年 1 月 1 日到 2020 年震级折线图

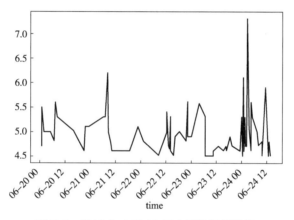

图 5.8　2019 年 6 月 20 日之后数据折线图

从 DataFrame 获取一行或一列数据就会得到 Series 对象。下面代码首先得到一个索引为 year（2000 年至 2019 年），值为该年度地震次数之和的 Series 对象，该对象中有 20 个元素，每个元素类型为 numpy.int64。

DataFrame 对象和 Series 对象都有一个 reset_index( ) 函数，但 Series 对象的 reset_index( ) 函数相较于 DataFrame 对象的多出一个 name 参数。代码如下：

```
27. eq_by_years=eq_20_years['id'].groupby(eq_20_years['year']).count()
28. eq_by_years=eq_by_years.reset_index(level=None,drop=False,name=None,
    inplace=False)
```

使用 pyecharts 绘制柱状图，并输出到文件中。代码如下：

```
29. from pyecharts.charts import Bar
30. from pyecharts import options as opts
31.
32. c=(
33.     Bar()
34.     .add_xaxis(eq_by_years['year'].tolist())
35.     .add_yaxis("", eq_by_years['id'].tolist())
```

```
36.    .set_global_opts(title_opts=opts.TitleOpts(title="近 20 年全球 4.5 级
       以上地震发生次数",subtitle="时间:2000 年 1 月 1 日-2019 年 6 月 24 日"))
37.    .render("bar_base.html")
38. )
```

5.5 实验总结

本实验学习了 pandas 的 DataFrame 对象和 Series 对象的数据操作方法,之后学习了使用 DataFrame 进行了图表绘制。

思 考 题

1. 数据清洗过程中,有哪些工作需要完成?
2. 整理 pandas 工具包的使用方法及应用场景。

第6章 信用卡逾期预测实验

6.1 实验目标

信用卡逾期预测算法是一种利用机器学习和数据分析技术来预测信用卡持卡人是否会逾期未还款的方法。通过分析历史交易数据、持卡人的个人信息以及其他相关因素,这种算法可以帮助银行和金融机构识别潜在的高风险客户,提前采取措施减少逾期风险。这种算法通常基于大量数据进行训练,以识别逾期行为的模式和趋势。常用的特征包括持卡人的信用评分、收入水平、消费习惯、历史还款记录等。通过建立预测模型,银行可以更准确地评估客户的信用风险,及时采取措施,如提高利率、限制额度或发送提醒通知,以减少逾期损失。信用卡逾期预测算法在金融行业中扮演着重要角色,有助于提升风险管理效率,保护银行的利益,同时也提醒持卡人注意良好的还款习惯,维护个人信用记录。

完成本实验,应该能够:
(1) 掌握如何将原始数据转换为 pandas DataFrame 数据结构,以便后续进行深入分析。
(2) 掌握基于 Spark 的决策树算法、随机森林算法和贝叶斯算法的使用方法。

6.2 实验环境

本章采用的原始数据集主要包括从 kaggle 竞赛网站下载得到的 csv 文件。该数据集包含 2005 年 4 月至 2005 年 9 月某银行信用卡客户的违约付款、人口因素、信用数据、付款历史和账单报表等信息。

6.3 实验方法

本章使用的主要实验方法为一些机器学习相关的分类预测算法,如决策树算法、随机森林算法和朴素贝叶斯算法。分类算法是一种基于一个或多个自变量确定因变量所属类别的技术,具有广泛的应用场景。

决策树的生成算法有 ID3、C4.5 和 C5.0 等。决策树是一种树状结构,其中每个内部节点表示一个属性上的判断,每个分支代表一个判断结果的输出,最后每个叶节点代表一种分类结果。决策树是一种十分常用的分类方法,需要监管学习。监管学习就是给出一堆样本,每个样本都有一组属性和一个分类结果,即分类结果已知。通过学习这些样本得到一个决策树,这个决策树能够对新的数据给出正确的分类。

随机森林是一个包含多个决策树的分类器,并且其输出的类别是由个别树输出的类别的众数而定。随机森林非常简单,易于实现,计算开销也很小,但是它在分类和回归上表现出非常惊人的性能。它适用于类别和连续输入(特征)和输出(预测)变量。基于树的方法把特征空间划分成一系列矩形,然后给每个矩形安置一个简单的模型(像一个常数)。

贝叶斯分类是一类分类算法的总称,这类算法均以贝叶斯定理为基础。而朴素贝叶斯分类是贝叶斯分类中最简单,也是常见的一种分类方法。朴素贝叶斯的主要优点:(1)朴素贝叶斯模型发源于古典数学理论,有稳定的分类效率;(2)对小规模的数据表现很好,能处理多分类任务,适合增量式训练,尤其是数据量超出内存时,可以一批批地去增量训练;(3)对缺失数据不太敏感,算法也比较简单,常用于文本分类。

6.4 实验过程

6.4.1 环境初始化

打开 Jupyter Notebook 实验环境,新建一个名为 creditcard 的 notebook。首先需要引入本章需要用到各个 Python 包,代码如下:

```
1.  % matplotlib inline
2.  from pyspark import SparkConf, SparkContext
3.  from pyspark.mllib.recommendation import ALS
4.  from pyspark.sql import Row
5.  from pyspark.sql import SparkSession
6.  import pandas as pd
7.  import math
8.  from pyspark.ml.linalg import Vectors
9.  from pyspark.ml.feature import StringIndexer
10. from pyspark.ml.classification import RandomForestClassifier
11. from pyspark.ml.classification import DecisionTreeClassifier
12. from pyspark.ml.classification import NaiveBayes, NaiveBayesModel
13. from pyspark.ml.evaluation import MulticlassClassificationEvaluator
```

由于本章实验需要使用 PySpark,所以还需要对其进行初始化。代码如下:

```
14. sc=SparkContext.getOrCreate(SparkConf().setMaster("local[*]"))
15. ccRaw=sc.textFile('./credit-card-default-1000.csv')
```

6.4.2 数据清洗与导入

由于原始数据存在格式不统一、录入错误等问题,所以需要进行数据清洗。首先移除原始数据的第一行头信息。代码如下:

```
16. #Remove header row
17. dataLines=ccRaw.filter(lambda z: "EDUCATION" not in z)
18. dataLines.count()
19. dataLines.take(5)
```

执行结果如图 6.1 所示。

```
['CUSTID,LIMIT_BAL,SEX,EDUCATION,MARRIAGE,AGE,PAY_1,PAY_2,PAY_3,PAY_4,PAY_5,PAY_6,BILL_AMT1,BILL_AMT2,BILL_AMT3,BILL_AMT4,BILL_AMT5,BILL_AMT6,PAY_AMT1,PAY_AMT2,PAY_AMT3,PAY_AMT4,PAY_AMT5,PAY_AMT6,DEFAULTED',
 '530,20000,2,2,2,21,-1,-1,2,2,-2,-2,0,0,0,0,0,0,0,0,0,0,162000,0,0',
 '38,60000,2,2,2,22,0,0,0,0,-2,-2,0,0,0,0,0,0,0,0,0,0,0,1576,0',
 '43,10000,1,2,2,22,0,0,0,0,-2,-2,0,0,0,0,0,0,0,0,0,0,0,1500,0',
 '47,20000,2,1,2,22,0,0,2,-1,0,-1,1131,291,582,291,0,291,291,582,0,0,130291,651,0']
```

图 6.1　数据清洗结果

由于有些行中的列使用了双引号包裹，为了使得数据格式统一，将这些行中的双引号给予删除。代码如下：

```
20. #Remove double quotes that are present in few records.
21. cleanedLines=filteredLines.map(lambda x: x.replace("\"", ""))
22. cleanedLines.count()
23. cleanedLines.cache()
```

接着将原始数据中的各个行转化为 Spark 中的 Row 对象。代码如下：

```
24. def convertToRow(instr):
25.     attributeList=instr.split(",")
26.
27.     # rounding of age to range of 10s.
28.     ageRound=round(float(attributeList[5]) / 10.0) * 10
29.
30.     #Normalize sex to only 1 and 2.
31.     sex=attributeList[2]
32.     if sex=="M":
33.         sex=1
34.     elif sex=="F":
35.         sex=2
36.
37.     #average billed Amount.
38.     avgBillAmt=(float(attributeList[12])+\
39.                 float(attributeList[13])+\
40.                 float(attributeList[15])+\
41.                 float(attributeList[16])+\
42.                 float(attributeList[16])+\
43.                 float(attributeList[17]))/6.0
44.
45.     #average pay amount
46.     avgPayAmt=(float(attributeList[18])+\
47.                float(attributeList[19])+\
48.                float(attributeList[20])+\
49.                float(attributeList[21])+\
50.                float(attributeList[22])+\
51.                float(attributeList[23]))/6.0
52.
```

```
53.    #Find average pay duration.
54.    #Make sure numbers are rounded and negative values are eliminated
55.    avgPayDuration=round((abs(float(attributeList[6]))+\
56.                         abs(float(attributeList[7]))+\
57.                         abs(float(attributeList[8]))+\
58.                         abs(float(attributeList[9]))+\
59.                         abs(float(attributeList[10]))+\
60.                         abs(float(attributeList[11])))/6)
61.
62.    #Average percentage paid. add this as an additional field to see
63.    #if this field has any predictive capabilities. This is
64.    #additional creative work that you do to see possibilities.
65.    perPay=round((avgPayAmt/(avgBillAmt+1)*100)/25)*25
66.
67.    values=Row(CUSTID=attributeList[0],\
68.               LIMIT_BAL=float(attributeList[1]),\
69.               SEX=float(sex),\
70.               EDUCATION=float(attributeList[3]),\
71.               MARRIAGE=float(attributeList[4]),\
72.               AGE=float(ageRound),\
73.               AVG_PAY_DUR=float(avgPayDuration),\
74.               AVG_BILL_AMT=abs(float(avgBillAmt)),\
75.               AVG_PAY_AMT=float(avgPayAmt),\
76.               PER_PAID=abs(float(perPay)),\
77.               DEFAULTED=float(attributeList[24])
78.               )
79.
80.    return values
81. #Cleanedup RDD
82. ccRows=cleanedLines.map(convertToRow)
83. ccRows.take(6)
```

执行结果如图 6.2 所示。

```
[Row(CUSTID='530', LIMIT_BAL=20000.0, SEX=2.0, EDUCATION=2.0, MARRIAGE=2.0, AGE=20.0, AVG_PAY_DUR=2.0, AVG_BILL_AMT=
0.0, AVG_PAY_AMT=27000.0, PER_PAID=2700000.0, DEFAULTED=0.0),
 Row(CUSTID='38', LIMIT_BAL=60000.0, SEX=2.0, EDUCATION=2.0, MARRIAGE=2.0, AGE=20.0, AVG_PAY_DUR=1.0, AVG_BILL_AMT=0.
0, AVG_PAY_AMT=262.6666666666667, PER_PAID=26275.0, DEFAULTED=0.0),
 Row(CUSTID='43', LIMIT_BAL=10000.0, SEX=1.0, EDUCATION=2.0, MARRIAGE=2.0, AGE=20.0, AVG_PAY_DUR=1.0, AVG_BILL_AMT=0.
0, AVG_PAY_AMT=250.0, PER_PAID=25000.0, DEFAULTED=0.0),
 Row(CUSTID='47', LIMIT_BAL=20000.0, SEX=2.0, EDUCATION=1.0, MARRIAGE=2.0, AGE=20.0, AVG_PAY_DUR=1.0, AVG_BILL_AMT=33
4.0, AVG_PAY_AMT=21969.166666666668, PER_PAID=6550.0, DEFAULTED=0.0),
 Row(CUSTID='70', LIMIT_BAL=20000.0, SEX=1.0, EDUCATION=4.0, MARRIAGE=2.0, AGE=20.0, AVG_PAY_DUR=1.0, AVG_BILL_AMT=32
77.3333333333335, AVG_PAY_AMT=28651.5, PER_PAID=875.0, DEFAULTED=0.0),
 Row(CUSTID='79', LIMIT_BAL=30000.0, SEX=2.0, EDUCATION=2.0, MARRIAGE=2.0, AGE=20.0, AVG_PAY_DUR=1.0, AVG_BILL_AMT=96
0.0, AVG_PAY_AMT=7358.0, PER_PAID=775.0, DEFAULTED=0.0)]
```

图 6.2 转化后的前六行 Row 对象

最后可以把原始数据集转化为 Spark 中的 DataFrame。代码如下:

```
84. from pyspark.sql import SparkSession
85. #Create a data frame.
```

```
86. SparkSession=SparkSession(sc)
87. ccDf=SparkSession.createDataFrame(ccRows)
88. ccDf.cache()
89. ccDf.show(10)
```

执行结果如图 6.3 所示。

```
+------+---------+---+---------+--------+----+-----------+-----------------+-----------------+---------+---------+
|CUSTID|LIMIT_BAL|SEX|EDUCATION|MARRIAGE| AGE|AVG_PAY_DUR|      AVG_BILL_AMT|       AVG_PAY_AMT| PER_PAID|DEFAULTED|
+------+---------+---+---------+--------+----+-----------+-----------------+-----------------+---------+---------+
|   530|  20000.0|2.0|      2.0|     2.0|20.0|        2.0|              0.0|          27000.0|2700000.0|      0.0|
|    38|  60000.0|2.0|      2.0|     2.0|20.0|        1.0|              0.0|  262.666666666667|  26275.0|      0.0|
|    43|  10000.0|1.0|      2.0|     2.0|20.0|        1.0|              0.0|            250.0|  25000.0|      0.0|
|    47|  20000.0|2.0|      2.0|     1.0|20.0|        1.0|            334.0|21969.166666666668|   6550.0|      0.0|
|    70|  20000.0|1.0|      4.0|     2.0|20.0|        1.0|3277.333333333335|          28651.5|    875.0|      0.0|
|    79|  30000.0|2.0|      2.0|     2.0|20.0|        1.0|            960.0|           7358.0|    775.0|      0.0|
|    99|  50000.0|2.0|      3.0|     1.0|20.0|        0.0|            145.5|            829.5|    575.0|      0.0|
|   104|  50000.0|2.0|      3.0|     2.0|20.0|        0.0| 408.333333333333|3328.333333333335|    825.0|      0.0|
|   135|  50000.0|2.0|      2.0|     2.0|20.0|        1.0|61.333333333336| 359.833333333333|    575.0|      0.0|
|   170|  50000.0|2.0|      2.0|     2.0|20.0|        1.0|           4652.0|           6896.5|    150.0|      0.0|
+------+---------+---+---------+--------+----+-----------+-----------------+-----------------+---------+---------+
only showing top 10 rows
```

图 6.3 转化后的 DataFrame（只显示 10 行）

6.4.3 数据处理

上一步中导入的 DataFrame 仍然存在一些问题，例如其中性别采用数字的形式表示，1.0 代表男性，2.0 代表女性。这里用字符串的形式更直观地表示性别，代码如下：

```
90. #Enhance Data
91. import pandas as pd
92.
93. #Add SEXNAME to the data using SQL Joins.
94. genderDict=[{"SEX":1.0, "SEX_NAME":"Male"},\
95.             {"SEX":2.0, "SEX_NAME":"Female"}]
96. genderDf=SparkSession.createDataFrame(pd.DataFrame(genderDict,\
97.          columns=['SEX','SEX_NAME']))
98. genderDf.collect()
99. ccDf1=ccDf.join(genderDf,ccDf.SEX==genderDf.SEX).drop(genderDf.SEX)
100. ccDf1.take(5)
```

类似地，使用字符串表示原本采用数字表示的学历信息和婚姻状况信息。代码如下：

```
101. #Add ED_STR to the data with SQL joins.
102. eduDict=[{"EDUCATION":1.0, "ED_STR":"Graduate"},\
103.          {"EDUCATION":2.0, "ED_STR":"University"},\
104.          {"EDUCATION":3.0, "ED_STR":"High School"},\
105.          {"EDUCATION":4.0, "ED_STR":"Others"}]
106. eduDf=SparkSession.createDataFrame(pd.DataFrame(eduDict,\
107.       columns=['EDUCATION', 'ED_STR']))
108. eduDf.collect()
109. ccDf2 = ccDf1.join ( eduDf, ccDf1.EDUCATION = = eduDf.EDUCATION ).drop
     (eduDf.EDUCATION)
110. ccDf2.take(5)
111. #Add MARR_DESC to the data. Required for PR#03
```

```
112. marrDict=[{"MARRIAGE":1.0, "MARR_DESC":"Single"}, \
113.           {"MARRIAGE":2.0, "MARR_DESC":"Married"}, \
114.           {"MARRIAGE":3.0, "MARR_DESC":"Others"}]
115. marrDf=SparkSession.createDataFrame(pd.DataFrame(marrDict, \
116.          columns=['MARRIAGE','MARR_DESC']))
117. marrDf.collect()
118. ccFinalDf=ccDf2.join( marrDf, ccDf2.MARRIAGE==marrDf.MARRIAGE ).drop(marrDf.MARRIAGE)
119. ccFinalDf.cache()
120. ccFinalDf.take(5)
```

在此基础上,可以使用 Spark SQL 工具进行简单的数据查询。代码如下:

```
121. #Do analysis as required by the problem statement
122. #Create a temp view
123. ccFinalDf.createOrReplaceTempView("CCDATA")
124. SparkSession.sql("SELECT SEX_NAME, count(*) as Total,"+\
125.          " SUM(DEFAULTED) as Defaults,"+\
126.          " ROUND(SUM(DEFAULTED)*100/count(*)) as PER_DEFAULT" \
127.          "FROM CCDATA GROUP BY SEX_NAME").show()
128. SparkSession.sql("SELECT MARR_DESC, ED_STR, count(*) as Total,"+\
129.          "SUM(DEFAULTED) as Defaults,"+\
130.          "ROUND(SUM(DEFAULTED)*100/count(*)) as PER_DEFAULT "
131.          "FROM CCDATA GROUP BY MARR_DESC, ED_STR"+\
132.          "ORDER BY 1,2").show()
133.
134. SparkSession.sql("SELECT AVG_PAY_DUR, count(*) as Total,"+\
135.          "SUM(DEFAULTED) as Defaults,"+\
136.          "ROUND(SUM(DEFAULTED)*100/count(*)) as PER_DEFAULT"+\
137.          "FROM CCDATA GROUP BY AVG_PAY_DUR ORDER BY 1").show()
```

执行结果如图 6.4 所示。

```
+--------+-----+--------+-----------+
|SEX_NAME|Total|Defaults|PER_DEFAULT|
+--------+-----+--------+-----------+
|  Female|  591|   218.0|       37.0|
|    Male|  409|   185.0|       45.0|
+--------+-----+--------+-----------+

+---------+-----------+-----+--------+-----------+
|MARR_DESC|     ED_STR|Total|Defaults|PER_DEFAULT|
+---------+-----------+-----+--------+-----------+
|  Married|   Graduate|  268|    69.0|       26.0|
|  Married|High School|   55|    24.0|       44.0|
|  Married|     Others|    4|     2.0|       50.0|
|  Married| University|  243|    65.0|       27.0|
|   Others|   Graduate|    4|     4.0|      100.0|
|   Others|High School|    8|     6.0|       75.0|
|   Others| University|    7|     3.0|       43.0|
|   Single|   Graduate|  123|    71.0|       58.0|
|   Single|High School|   87|    52.0|       60.0|
|   Single|     Others|    3|     2.0|       67.0|
|   Single| University|  198|   105.0|       53.0|
+---------+-----------+-----+--------+-----------+

+-----------+-----+--------+-----------+
|AVG_PAY_DUR|Total|Defaults|PER_DEFAULT|
+-----------+-----+--------+-----------+
|        0.0|  356|   141.0|       40.0|
|        1.0|  552|   218.0|       39.0|
|        2.0|   85|    41.0|       48.0|
|        3.0|    4|     2.0|       50.0|
|        4.0|    3|     1.0|       33.0|
+-----------+-----+--------+-----------+
```

图 6.4 相关查询的结果

6.4.4 数据分析

(1) 查看 DataFrame 中各个数值列与 DEFAULTED 列的相关性,使用 stat.corr() 函数以完成这一任务。代码如下:

```
138. #Perform first round Correlation analysis
139. for i in ccDf.columns:
140.     if not ( isinstance(ccDf.select(i).take(1)[0][0], str)):
141.         print ( "Correlation to DEFAULTED for", i, \
142.             ccDf.stat.corr('DEFAULTED',i))
```

执行结果如图 6.5 所示。

```
Correlation to DEFAULTED for  LIMIT_BAL 0.10722031324020788
Correlation to DEFAULTED for  SEX -0.08365182215019182
Correlation to DEFAULTED for  EDUCATION 0.11056265057032824
Correlation to DEFAULTED for  MARRIAGE -0.22891287287359358
Correlation to DEFAULTED for  AGE 0.5249553884579067
Correlation to DEFAULTED for  AVG_PAY_DUR 0.02946939689271058
Correlation to DEFAULTED for  AVG_BILL_AMT 0.18782747215913168
Correlation to DEFAULTED for  AVG_PAY_AMT -0.1635960889097275
Correlation to DEFAULTED for  PER_PAID -0.027644049670592894
Correlation to DEFAULTED for  DEFAULTED 1.0
```

图 6.5 列相关性

(2) 为了使用 Spark 中机器学习的相关算法,需要将 DataFrame 向量化。代码如下:

```
143. #Transform to a Data Frame for input to Machine Learing
144. import math
145. from pyspark.ml.linalg import Vectors
146.
147. def transformToLabeledPoint(row):
148.     lp=( row["DEFAULTED"], \
149.         Vectors.dense([
150.             row["AGE"], \
151.             row["AVG_BILL_AMT"], \
152.             row["AVG_PAY_AMT"], \
153.             row["AVG_PAY_DUR"], \
154.             row["EDUCATION"], \
155.             row["LIMIT_BAL"], \
156.             row["MARRIAGE"], \
157.             row["PER_PAID"], \
158.             row["SEX"]
159.         ]))
160.     return lp
161. ccLp=ccFinalDf.rdd.repartition(2).map(transformToLabeledPoint)
162. ccLp.collect()
```

```
163. ccNormDf=SparkSession.createDataFrame(ccLp,["label", "features"])
164. ccNormDf.select("label","features").show(10)
165. ccNormDf.cache()
```

执行结果如图 6.6 所示。

```
+-----+--------------------+
|label|            features|
+-----+--------------------+
|  1.0|[50.0,11781.5,171...|
|  1.0|[50.0,111226.1666...|
|  1.0|[50.0,33623.66666...|
|  1.0|[50.0,51520.16666...|
|  0.0|[50.0,28305.66666...|
|  0.0|[50.0,33354.16666...|
|  1.0|[50.0,90735.16666...|
|  0.0|[50.0,49667.5,195...|
|  1.0|[50.0,101555.8333...|
|  1.0|[50.0,65451.66666...|
+-----+--------------------+
```

图 6.6　向量化后的 features（只显示前 10 行）

（3）使用 StringIndexer( ) 函数将数据集中的 label 列索引化。代码如下：

```
166. #Indexing needed as pre-req for Decision Trees
167. from pyspark.ml.feature import StringIndexer
168. stringIndexer=StringIndexer(inputCol="label", outputCol="indexed")
169. si_model=stringIndexer.fit(ccNormDf)
170. td=si_model.transform(ccNormDf)
171. td.collect()
```

（4）将上述数据集中任意 70% 的数据作为训练集，剩余 30% 作为验证测试集。代码如下：

```
172. #Split into training and testing data
173. (trainingData, testData)=td.randomSplit([0.7, 0.3])
174. trainingData.count()
175. testData.count()
```

（5）分别使用决策树、随机森林和朴素贝叶斯方法这三种机器学习中的分类算法来预测信用卡逾期情况。为了评价预测算法的效果，定义一个 evaluator。代码如下：

```
176. evaluator=MulticlassClassificationEvaluator(predictionCol="prediction", \
177.               labelCol="indexed",metricName="accuracy")
178. #Create the Decision Trees model
179. dtClassifer=DecisionTreeClassifier(labelCol="indexed", \
180.               featuresCol="features")
181. dtModel=dtClassifer.fit(trainingData)
182. #Predict on the test data
```

```
183. predictions=dtModel.transform(testData)
184. predictions.select("prediction","indexed","label","features").collect()
185. print ("Results of Decision Trees : ",evaluator.evaluate(predictions))
```

决策树算法的准确性：0.718，可见其准确度大约为 0.72。

● 随机森林算法：

```
186. #Create the Random Forest model
187. rmClassifer=RandomForestClassifier(labelCol="indexed", \
188.                featuresCol="features")
189. rmModel=rmClassifer.fit(trainingData)
190. #Predict on the test data
191. predictions=rmModel.transform(testData)
192. predictions.select("prediction","indexed","label","features").collect()
193. print ("Results of Random Forest:",evaluator.evaluate(predictions))
```

随机森林算法的准确性：0.737，其准确度大约为 0.74，略好于决策树算法。

● 朴素贝叶斯方法：

```
194. #Create the Random Forest model
195. rmClassifer=RandomForestClassifier(labelCol="indexed", \
196.                featuresCol="features")
197. rmModel=rmClassifer.fit(trainingData)
198. #Predict on the test data
199. predictions=rmModel.transform(testData)
200. predictions.select("prediction","indexed","label","features").collect()
201. print ("Results of Random Forest:",evaluator.evaluate(predictions))
```

朴素贝叶斯算法的准确性 0.658，其准确度大约为 0.66，为三种算法中效果最差的一种。

6.5 实验总结

本实验学习了如何在 Spark 中运行决策树、随机森林和朴素贝叶斯算法，并掌握其主要参数的配置方法。

思 考 题

1. 列举决策树算法、随机森林算法、朴素贝叶斯算法的主要区别与优缺点。
2. 针对特定的数据集，如何决定具体采用哪种分类算法？

第 7 章

电影推荐实验

7.1 实验目标

随着互联网的发展,电影数量急剧增加,用户面临信息过载的问题,难以从众多选项中选择自己感兴趣的内容。不同用户对电影的喜好千差万别,传统的按类型或者流行度排序的推荐方式已无法满足用户个性化的需求。随着在线流媒体服务的增多,提供更加个性化、准确的推荐成为电影平台吸引和留住用户的关键手段之一。基于协同过滤的电影推荐系统在当前的技术和商业环境下,为用户和平台带来显著的好处,是解决信息过载问题和满足用户个性化需求的有效手段。

完成本实验,应该能够:

(1) 熟悉 PySpark 连接数据库方法及基本 SQL 查询语句。
(2) 掌握交替最小二乘法原理。
(3) 掌握 ALS 在推荐系统中的实现过程。

7.2 实验环境

7.2.1 实验数据源

本实验的数据集 ml-latest-small 来自 MovieLens,它是一个提供电影推荐服务的网站,ml-latest-small 包含四个文件:links.csv、movies.csv、ratings.csv 和 tags.csv,其具体内容见表 7.1~表 7.4。

1. Link.csv

表 7.1 电影编号描述

列 名	描 述
movieId	MovieLens 中的电影唯一编号
imdbId	kaggle 电影数据库(The Movie Database,TMDb)中电影的唯一编号
tmdbId	互联网电影数据库(Internet Movie Database,IMDb)中的电影唯一编号

2. Movies.csv

表 7.2 电影信息描述

列 名	描 述
movieId	电影编号
title	片名
genres	电影流派

3. ratings.csv

表 7.3 电影评分描述

列 名	描 述
userId	用户编号
movieId	电影编号
rating	分级,5 分为满分,以 0.5 分为增量,评分越高,等级越高
timestamp	时间戳(UTC 格式)

4. tags.csv

表 7.4 用户评价描述

列 名	描 述
userId	用户编号
movieId	电影编号
tag	标签,是由用户生成的一个单词或者短语
timestamp	时间戳(UTC 格式)

7.2.2 实验依赖库

实验依赖库描述见表 7.5。

表 7.5 实验依赖库描述

名 称	描 述
pyspark	Spark 平台连接
json	json 文件读/写
os	读/写文件和目录
bottle	轻量级的 WSGI 微型 Web 框架

7.3 实 验 方 法

本节将讲解交替最小二乘法(alternating least squares,ALS)在协同过滤中的应用。

7.3.1 实现目标

通过观察到的所有用户给电影的打分,来推断用户对其他未打分电影的评分。用户和电影的打分矩阵如下。

	电影1	电影2	电影3	电影4
用户1	5			1
用户2	4.5	4		
用户3		3		
用户4			2.5	4

每一行代表一个用户（u_1, u_2, u_3, u_4），每一列代表一部电影（v_1, v_2, v_3, v_4），用户的打分在1~5之间，增长间隔为0.5分。

这个矩阵显示了观测到的打分，需要推测没有观测到的部分，这个过程称为矩阵填补。

7.3.2 ALS 原理

一个 $A_{m \times n}$ 的打分矩阵，可以由分解的两个小矩阵 $U_{m \times k}$、$V_{n \times k}$ 来近似表示，$A \approx UV^T$，$k \leqslant (m, n)$，用户数为 m，电影数为 n。

7.3.3 ALS 计算过程

1. 矩阵 A、U、V

$$A = \begin{bmatrix} a_{11} & a_{12} & a_{13} \\ a_{21} & a_{22} & a_{23} \\ a_{31} & a_{32} & a_{33} \end{bmatrix} \quad U = \begin{bmatrix} u_{11} & u_{12} \\ u_{21} & u_{22} \\ u_{31} & u_{32} \end{bmatrix}$$

$$V = \begin{bmatrix} v_{11} & v_{12} \\ v_{21} & v_{22} \\ v_{31} & v_{32} \end{bmatrix} \quad V^T = \begin{bmatrix} v_{11} & v_{21} & v_{31} \\ v_{12} & v_{22} & v_{32} \end{bmatrix}$$

假设 a_{11}、a_{23}、a_{32} 是已观测到的用户观影数据，其他部分是未知的用户观影喜好。

因为 A 中行列具有实际意义，所以 A 中不可能出现某行或者某列全部为空的情况（行空表示这个用户没有标记过任何电影，列空表示这个电影没有被任何用户标记过）。

2. 损失函数——最小二乘法

最小二乘法的思想：观测值减去预测值，然后求差值的平方，最后将所有样本上的平方加起来，就是所建立模型的整体误差。所以，利用最小二乘法构建损失函数 $L(U, V)$ 见（式7.1）：

$$L(U, V) = \sum_{i,j} (a_{ij} - U_i V_j^T)^2 \tag{7.1}$$

其中：

U_i：维度为 1×2，表示用户 i 的偏好在隐含空间的特征向量，表示为 $[u_{11} \ u_{12}]$。

V_j^T：维度为 2×1，表示电影 j 在隐含空间的特征，表示为 $\begin{bmatrix} v_{11} \\ v_{12} \end{bmatrix}$。

近似矩阵

$$A' = UV^T = \begin{bmatrix} u_{11}v_{11} + u_{12}v_{12} & u_{11}v_{21} + u_{12}v_{22} & u_{11}v_{31} + u_{12}v_{32} \\ u_{21}v_{11} + u_{22}v_{12} & u_{21}v_{21} + u_{22}v_{22} & u_{21}v_{31} + u_{22}v_{32} \\ u_{31}v_{11} + u_{32}v_{12} & u_{31}v_{21} + u_{32}v_{22} & u_{31}v_{31} + u_{32}v_{32} \end{bmatrix} \tag{7.2}$$

理论上，A' 的整体误差是由全部观测值和预测值计算的，但是原矩阵中有缺失项，所以使用可观测到的项来近似计算误差。因为只有 a_{11}、a_{23}、a_{32} 是被观测到的,所以只使用方框中的 $u_{11}v_{11}+u_{12}v_{12}$、$u_{21}v_{31}+u_{22}v_{32}$、$u_{31}v_{21}+u_{32}v_{22}$ 来计算误差,见(式 7.3):

$$L(\boldsymbol{U},\boldsymbol{V})=[a_{11}-u_{11}v_{11}+u_{12}v_{12}]^2+[a_{23}-u_{21}v_{31}+u_{22}v_{32}]^2+[a_{32}-u_{31}v_{21}+u_{32}v_{22}]^2 \quad (7.3)$$

3. 误差最小化——交替求解

(1)随机初始化 $\boldsymbol{V}$,求 $\boldsymbol{U}$。

$$L'(\boldsymbol{U},\boldsymbol{V})_{u11}=2[a_{11}-u_{11}v_{11}+u_{12}v_{12}]\times(-\boldsymbol{V}_{11})=0 \quad (7.4)$$

$$L'(\boldsymbol{U},\boldsymbol{V})_{u12}=2[a_{11}-u_{11}v_{11}+u_{12}v_{12}]\times(-\boldsymbol{V}_{12})=0 \quad (7.5)$$

(2)求解出 $\boldsymbol{U}_1$ 后,再固定 $\boldsymbol{U}=\boldsymbol{U}_1$,求 $\boldsymbol{V}_1$。

(3)将前两步交替进行,直到误差达到最小。

(4)应用交替最小二乘法就可以推测出原矩阵中未知的值。下面使用 Python 在 Spark 平台上,使用 ALS 实现电影推荐任务。

7.4 实验过程

下面讲解 ALS 的代码实现过程。

7.4.1 准备工作

文件名:RecommandSystem.ipynb。

程序功能描述:初始化一个 Apache Spark 会话(SparkSession),以便在 Spark 环境中执行分布式数据处理。

输入:links.csv、movies.csv、ratings.csv 和 tags.csv。

输出:电影评分预测模型。

从 pyspark 中导入所需的包,并初始化 SparkSession,SparkSession 用于在 Spark 平台上支持 DataFrame 的 SQL 查询。代码如下:

```
1. from pyspark.sql import SparkSession
2. # spark=SparkSession.builder.appName('rs').getOrCreate()
3. from pyspark.sql.functions import *
4.
5. spark=SparkSession \
6.     .builder \
7.     .appName("rs") \
8.     .config("spark.some.config.option", "some-value"\
9.     .getOrCreate()
```

7.4.2 查看数据

读取 ratings.csv 文件和 movies.csv 文件中的内容,存入到两个名为 ratings 和 movies 的 DataFram 表格,便于后续 SQL 查询。代码如下:

```
10. df_ratings = spark.read.csv('./ratings.csv',inferSchema = True,header =
    True)    # 读取电影评分数据
11. df_ratings.createOrReplaceTempView("ratings")    # 构建临时表评分表
```

```
12. df_movie=spark.read.csv('./movies.csv',inferSchema=True,header=True)
13. df_movie.createOrReplaceTempView("movies")    #构建临时电影表,这两张表通
    过 sql 关联,得到具体电影的评分信息
```

其中,spark.read.csv(filename, inferSchema, header):用于读取 csv 文件;df_ratings.createOrReplaceTempView(tempViewName):用于创建名为 tempViewName 的 DataFrame。

ratings 和 movies 两个表中均包含 movieID 这个字段,所以通过 movieID 可以将两个表连接起来,然后查询 userID、movieID、title、genres、rating,保存到 df_details 中。代码如下:

```
14. df_details=spark.sql("SELECT ratings.userId, ratings.movieId, movies.title,
    movies.genres, ratings.rating FROM ratings LEFT JOIN movies ON ratings.movieId
    =movies.movieId ")        #两表关联,获取具体的信息
```

下面四条语句用于查看合并后表 df_details 的各项信息:

(1) 查看 rating=4 的样本的 userID、title、rating 三个字段的值,并展示前 10 行:

```
15. df_details.select('userId','title','rating').where('rating=4').show(10)
```

结果如图 7.1 所示。

```
+------+--------------------+------+
|userId|               title|rating|
+------+--------------------+------+
|     1|    Toy Story (1995)|   4.0|
|     1|Grumpier Old Men ...|   4.0|
|     1|         Heat (1995)|   4.0|
|     1|   Braveheart (1995)|   4.0|
|     1|      Ed Wood (1994)|   4.0|
|     1|Clear and Present...|   4.0|
|     1| Forrest Gump (1994)|   4.0|
|     1|   Mask, The (1994)|   4.0|
|     1|Dazed and Confuse...|   4.0|
|     1|Jurassic Park (1993)|   4.0|
+------+--------------------+------+
```

图 7.1　查看合并表信息（只显示 10 行）

(2) 查看数据规模,即样本条数(行数)和字段个数(列数):

```
16. print((df_details.count(),len(df_details.columns)))
```

(3) 打印字段信息,包含字段名,字段值类型和是否为空:

```
17. df_details.printSchema()
```

结果如图 7.2 所示。

```
root
 |-- userId: integer (nullable=true)
 |-- movieId: integer (nullable=true)
 |-- title: string (nullable=true)
 |-- genres: string (nullable=true)
 |-- rating: double (nullable=true)
```

图 7.2　字段信息截图

（4）随机挑选10行数据展示，可以看到两个表已经连接到一起：

```
18. df_details.orderBy(rand()).show(10,False)
```

结果如图7.3所示。

```
+------+-------+------------------------------------------------+----------------------------------------+------+
|userId|movieId|title                                           |genres                                  |rating|
+------+-------+------------------------------------------------+----------------------------------------+------+
|74    |37741  |Capote (2005)                                   |Crime|Drama                             |3.5   |
|241   |50     |Usual Suspects, The (1995)                      |Crime|Mystery|Thriller                  |4.0   |
|279   |4886   |Monsters, Inc. (2001)                           |Adventure|Animation|Children|Comedy|Fantasy|3.0|
|380   |6373   |Bruce Almighty (2003)                           |Comedy|Drama|Fantasy|Romance            |4.0   |
|597   |1206   |Clockwork Orange, A (1971)                      |Crime|Drama|Sci-Fi|Thriller             |5.0   |
|305   |4973   |Amelie (Fabuleux destin d'Amélie Poulain, Le) (2001)|Comedy|Romance                      |5.0   |
|554   |2017   |Babes in Toyland (1961)                         |Children|Fantasy|Musical                |4.0   |
|288   |3526   |Parenthood (1989)                               |Comedy|Drama                            |3.0   |
|274   |34520  |Dukes of Hazzard, The (2005)                    |Action|Adventure|Comedy                 |2.0   |
|382   |4161   |Mexican, The (2001)                             |Action|Comedy                           |3.5   |
+------+-------+------------------------------------------------+----------------------------------------+------+
```

图7.3　查看关联表信息（只显示10行）

7.4.3　特征数值化

代码如下：

```
19. from pyspark.ml.feature import StringIndexer,IndexToString
20. stringIndexer=StringIndexer(inputCol="title", outputCol="title_new")
    # 构建StringIndexer对象,设置输入列和输出列
21. model=stringIndexer.fit(df_details)          # 构建model模型
22. indexed=model.transform(df_details)          # 使用模型转换数据,将电影名转换为
                                                 # 数值,可以进行度量
23. indexed.show(5)
```

其中，StringIndexer将一列类别型的特征进行编码，使其数值化，构建索引时，优先编码频率较大的标签，所以出现频率最高的标签为0号，把电影索引号保存在title_new列中。

添加title_new之后的indexed结果如图7.4所示。

```
+------+-------+--------------------+--------------------+------+---------+
|userId|movieId|               title|              genres|rating|title_new|
+------+-------+--------------------+--------------------+------+---------+
|     1|      1|    Toy Story (1995)|Adventure|Animati...|   4.0|     11.0|
|     1|      3|Grumpier Old Men ...|      Comedy|Romance|   4.0|    423.0|
|     1|      6|         Heat (1995)|Action|Crime|Thri...|   4.0|    129.0|
|     1|     47|Seven (a.k.a. Se7...|     Mystery|Thriller|   5.0|     15.0|
|     1|     50|Usual Suspects, T...|Crime|Mystery|Thr...|   5.0|     14.0|
+------+-------+--------------------+--------------------+------+---------+
```

图7.4　查看索引信息（只显示5行）

根据title_new分组计数，升序展示前十行。代码如下：

```
24. indexed.groupBy('title_new').count().orderBy('count',ascending=False)
    .show(10,False)
```

执行结果如图7.5所示。

```
+---------+-----+
|title_new|count|
+---------+-----+
|0.0      |329  |
|1.0      |317  |
|2.0      |307  |
|3.0      |279  |
|4.0      |278  |
|5.0      |251  |
|6.0      |238  |
|7.0      |237  |
|8.0      |224  |
|9.0      |220  |
+---------+-----+
```

图 7.5　根据 title_new 分组计数（只显示 10 行）

7.4.4　用最小交替二乘法训练模型

代码如下：

```
25. train,test=indexed.randomSplit([0.75,0.25])    # 划分训练数据和测试数据
26. from pyspark.ml.recommendation import ALS
27. rec=ALS(maxIter=10,regParam=0.01,userCol='userId',itemCol='title_new',
    ratingCol='rating',nonnegative=True,coldStartStrategy="drop")
28. rec_model=rec.fit(train)                        # 使用模型训练数据
29. predicted_ratings=rec_model.transform(test)     # 应用于测试数据
30. predicted_ratings.printSchema()
31. predicted_ratings.orderBy(rand()).show(10)      # 参看应用模型预测的数据
```

其中：

（1）randomSplit([0.75,0.25])：划分数据集，75%用作训练，25%用作测试。

（2）ALS（maxIter=10,regParam=0.01,userCol='userId',itemCol='title_new',ratingCol='rating',nonnegative=True,coldStartStrategy="drop"）部分参数解释：

● 用于训练的列有 userId、title_new、rating。

● maxIter：最大迭代次数（默认 10）。

● regParam：指定正则化参数（默认 1）。

● nonnegative：指定是否对最小二乘法使用非负约束（默认为 false）。

（3）printSchema()：打印结果 DateFrame 信息，如图 7.6 所示。

```
root
 |-- userId: integer (nullable = true)
 |-- movieId: integer (nullable = true)
 |-- title: string (nullable = true)
 |-- genres: string (nullable = true)
 |-- rating: double (nullable = true)
 |-- title_new: double (nullable = false)
 |-- prediction: float (nullable = false)
```

图 7.6　DateFrame 信息

（4）orderBy(rand()).show(10)：随机展示 10 行预测内容，结果如图 7.7 所示。

```
+------+-------+--------------------+--------------------+------+---------+----------+
|userId|movieId|               title|              genres|rating|title_new|prediction|
+------+-------+--------------------+--------------------+------+---------+----------+
|   500|   1747|    Wag the Dog (1997)|              Comedy|   5.0|    859.0|  2.663501|
|   160|   2028|Saving Private Ry...|   Action|Drama|War|   5.0|     25.0| 2.8702145|
|   263|   1821|Object of My Affe...|      Comedy|Romance|   3.0|   3157.0| 2.1791067|
|   261|   2028|Saving Private Ry...|   Action|Drama|War|   4.0|     25.0|  3.750722|
|   352|    593|Silence of the La...| Crime|Horror|Thri...|   4.0|      3.0| 4.6393557|
|     5|    261|  Little Women (1994)|               Drama|   4.0|    586.0| 4.3402843|
|   275|   2359| Waking Ned Devine...|              Comedy|   2.0|   1009.0| 4.7526336|
|   436|    508|  Philadelphia (1993)|               Drama|   4.0|    280.0| 4.0373125|
|    18|    541|  Blade Runner (1982)|Action|Sci-Fi|Thr...|   4.0|     79.0| 4.2707996|
|   230|   1721|       Titanic (1997)|       Drama|Romance|   3.0|     58.0| 2.9889886|
+------+-------+--------------------+--------------------+------+---------+----------+
only showing top 10 rows
```

图 7.7　DateFrame 表信息（只显示 10 行）

7.4.5　评估推荐系统

1. 使用评估器评估

32. **print** ('-------------- 引入回归评估器来度量 推荐系统 --------------')
33. **from** pyspark.ml.evaluation **import** RegressionEvaluator
34. evaluator=RegressionEvaluator(metricName='rmse',predictionCol='prediction', labelCol='rating') # 构建回归评估器,评估准确性
35. rmse=evaluator.evaluate(predicted_ratings)
36. **print** ('{}{}'.format("标准误差:",rmse)) # 查看使用推荐系统后的预测的标准误差,
     # 若标准误差不是很大,可以进行下一步操作

引入一个回归评估器 RegressionEvaluator 来评估上述电影评分预测模型的性能，评估器需要两个输入列：预测（prediction）和标签（rating），输出是模型的标准误差。评估结果是标准误差：1.038785。

2. 人工观测评估

人工抽取样本，使用模型进行预测，观察预测值与真实值之间的差异。

（1）统计所有电影。从 indexed 选择出 title_new 列，使用 distinct()，筛选出所有电影的索引号（去重）并计数，共有 9 719 部，将筛选出的列存储为新的 DataFrame，命名为 all。代码如下：

37. unique_movies=indexed.select('title_new').distinct()
38. unique_movies.count()
39. **print** (unique_movies.count())
40. all=unique_movies.alias('all')

（2）统计 46 号用户评过分的电影。选择 46 号用户看过的电影的索引号（去重）并统计个数，共有 42 部，将筛选出的列存储为新的 DataFrame，命名为 no_46。

41. watched_movies = indexed.filter(indexed['userId']==46).select('title_new').distinct()
42. watched_movies.count()
43. no_46=watched_movies.alias('no_46') # 46号用户看过的电影dateframe,重命名为no_46

（3）找出用户 46 没有评分的电影。将 all 和 no_46 进行关联，得出用户 46 没有评分的电

影。代码如下：

```
44. total_movies=all.join(no_46,all.title_new==no_46.title_new,how='left')
45. total_movies.show(10,False)
```

（4）预测未评分电影的评分。使用上一步中训练好的模型预测用户 46 的评分。代码如下：

```
46. remaining_movies=total_movies.where(col("no_46.title_new").isNull())
    .select(all.title_new).distinct()    #46号用户,没看过电影的 dateframe
47. remaining_movies=remaining_movies.withColumn("userId",lit(46)) #添加一列
48. recommendations=rec_model.transform(remaining_movies).orderBy('prediction',
    ascending=False)
49. recommendations.show(5,False)
50. movie_title = IndexToString(inputCol = "title_new", outputCol = "title",
    labels=model.labels)
51. final_recommendations=movie_title.transform(recommendations)
52. final_recommendations.show(10,False)
```

预测结果如图 7.8 所示。

```
+---------+------+---------+----------------------------------------+
|title_new|userId|prediction|title                                   |
+---------+------+---------+----------------------------------------+
|2956.0   |46    |7.9501734|Air America (1990)                      |
|2309.0   |46    |7.9408407|Farewell My Concubine (Ba wang bie ji) (1993)|
|2312.0   |46    |7.839115 |Fletch Lives (1989)                     |
|2991.0   |46    |7.471195 |Bride of Chucky (Child's Play 4) (1998) |
|3539.0   |46    |7.2281475|Presumed Innocent (1990)                |
|2063.0   |46    |7.190377 |My Blue Heaven (1990)                   |
|2111.0   |46    |7.0412426|Unbearable Lightness of Being, The (1988)|
|4015.0   |46    |7.029632 |Priest (1994)                           |
|1609.0   |46    |6.977423 |Hours, The (2002)                       |
|2153.0   |46    |6.968411 |Doom (2005)                             |
+---------+------+---------+----------------------------------------+
```

图 7.8　电影预测打分（只显示 10 行）

7.5　实验总结

本实验学习了 ASL 算法的原理并掌握其在电影推荐中的应用。

思　考　题

1. 在日常生活中，哪些任务属于推荐任务？
2. 推荐系统的常用方法有哪些？

第 8 章 社交网络推荐实验

8.1 实验目标

在当今数据驱动的世界中,社交网络推荐系统扮演着至关重要的角色,它们通过分析用户的行为和偏好来提供个性化的内容和连接。Apache Spark 是一个强大的开源大数据处理框架,它能够高效地处理大规模数据集。而 GraphFrames 则是一个基于 Spark 的图处理库,它使得在大规模图数据上进行图计算和分析变得简单。

结合 Spark 和 GraphFrames,可以构建一个高效的社交网络推荐系统。这个系统的核心在于图数据结构的利用,其中节点代表用户,边代表用户之间的关系(如朋友关系、关注关系等),以及用户与内容之间的交互(如点赞、评论等)。通过这种结构,可以捕捉到社交网络中的复杂关系和动态。

(1)掌握 Spark 导入 CSV 的方法。
(2)掌握 GraphFrames 的用法。

8.2 实验环境

对 User.csv 和 UserGraph.csv 两个文件进行分析,获取用户间的关系图。User.csv 中有两个变量 ID 和 Name,分别是用户的编号和姓名;UserGraph.csv 中有两个变量 USER_1 和 USER_2,分别为两个互相熟悉的用户的编号,其中某一个用户可能和其他多位用户熟悉。

8.3 实验方法

GraphFrames 是构建在 Spark DataFrames 之上的类库,它既能得益于 DataFrames 良好的扩展性和强大的性能,同时也为 Scala、Java 和 Python 提供了统一的图处理 API。它旨在同时提供 GraphX 的功能和在 Python 和 Scala 中使用 Spark DataFrame 的扩展功能。这个扩展的功能包括 motif 查找、基于数据帧的序列化和高效表达的图形查询。

本实验使用 GraphFrames 类库,按照以下步骤完成用户社交关系的图分析。

(1)创建图:向 GraphFrames 中传入一个顶点数据集和一个边数据集即可完成图构建。User.csv 文件是顶点数据集,UserGraph.csv 是边数据集。

(2)计算顶点的入度和出度:GraphFrames 对象的 inDegrees 和 outDegrees 能够得到所有顶点的入度和出度,同时可以使用 sort("keyword") 对顶点按照入度或出度进行排序。

(3) 搜索指定路径结构的路径: GraphFrames 对象的 find( ) 方法的参数可以指定路径结构。结构为: "(start)-[pass]->(end)"。

8.4 实 验 过 程

首先导入本实验需要的 Python 扩展库,之后设置环境变量。代码如下:

```
1. import sys
2. import json, random
3. import pandas as pd
4. import numpy as np
5. from IPython.core.display import HTML
6. import pyspark
7. from pyspark.sql import SparkSession
8. from pyspark.sql import SparkSession
9. from pyspark.sql.types import StringType, IntegerType
10. from pyspark.sql.types import StructType,StructField,ArrayType
11. import os
12. os.environ["JAVA_OPTS"] = '-Xms2048m -Xmx2048m'
```

由于本章实验需要使用 PySpark,所以还需要对其进行初始化。代码如下:

```
13. conf = pyspark.SparkConf().set("spark.executor.memory", "4g").set("spark.executor.core", "4").setAppName("social media")
14. spark = SparkSession.builder.config(conf=conf).appName("SparkGraphx").getOrCreate()
15. spark.sparkContext.setCheckpointDir("log")
16. user_df = spark.read.format("csv").option("header", "true").load("dataset/User.csv").withColumnRenamed("ID", "id")
17. user_graph_df = spark.read.format("csv").option("header", "true").load("dataset/UserGraph.csv").withColumnRenamed("USER_1", "src").withColumnRenamed("USER_2", "dst")
```

生成用户关系图。代码如下:

```
18. from graphframes import *
19.
20. g=GraphFrame(user_df, user_graph_df)
21. print("Total vectors: %d" % g.vertices.count())
22. print("Total edges: %d" % g.edges.count())
23. g.cache()
24.
25. def get_most_connected(g, topN):
26.     '''
27.     Return a list containing the most friends
28.     '''
29.     g_indegrees=g.inDegrees
```

```
30.    return g.vertices.join(g_indegrees, "id").orderBy("inDegree", ascending
       =False).limit(topN)
31.
32. most_connected=get_most_connected(g, 10)
33. most_connected.show(10)
34.
35. def get_users_connected(g, user_id):
36.
37.    return g.find("(a)-[e]->(b)").filter("b.id=%d" % user_id).select("a.id",
       "a.NAME")
38.
39. users=get_users_connected(g, 859)
40. print (users.count())
41. users.show(5)
42.
43. def get_friends_suggestion(g, user_id):
44.    ' ' ' '
45.    "people you may know"
46.    ' ' '
47.    users=g.find("(a)-[e]->(b); (b)-[e2]->(c); !(a)-[]->(c)").filter("a.id
       =%d" % user_id)
48.    return users.select("c.id", "c.name")
49.
50. users=get_friends_suggestion(g, 1572)#.cache()
51. print ("Total possible friends: ", users.count())
52. users.show(5)
53.
54. def get_suggraphs_between_users(g, user1_id, user2_id):
55.    ' ' ' '
56.    Return subgraphs conections between user1 and user2
57.    ' ' '
58.    g_user=g.find("(a)-[e]->(b); (c)-[e2]->(b)").filter("a.id={} and c.id=
       {}".format(user1_id, user2_id))
59.    g_vert=g_user.select("a.id", "a.NAME").unionAll(g_user.select("b.id",
       "b.NAME")).unionAll(g_user.select("c.id", "c.NAME")).distinct()
60.    g_edges = g_user.select("e.src", "e.dst").unionAll(g_user.select
       ("e2.src", "e2.dst")).distinct()
61.    g2=GraphFrame(g_vert, g_edges)
62.    return g2
63. user1_id=4845 # Winnie
64. user2_id=1572 # Finley
65. g_users=get_suggraphs_between_users(g, user1_id, user2_id)
66. g_users.vertices.show()
```

结果如图 8.1 所示。

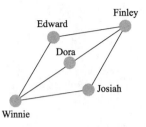

图 8.1 社交网络图

8.5 实验总结

本实验主要使用 GraphFrames 生成了社交网络图,并学习了使用 FraphFrames 对目标用户节点进行查询的方式。

思 考 题

1. 是否可以使用实验中的社交网络分析结果推断某个用户的在整个社交网络中的重要性?如果可以应该如何做?

2. 在实际应用中,社交网络分析可以用于何种场景?

第 9 章 航班图实验

9.1 实验目标

航班图是一种用于显示飞机航班信息的图表,通常以时间为横轴,航班编号或航班路线为纵轴。航班图可以清晰展示不同航班在特定时间段内的起降时间、航线、停靠地点等信息,帮助航空公司、机场和旅客更好地了解航班运行情况。在航班图中,每个航班通常用线段或符号表示,起点代表起飞时间,终点代表降落时间,途中经过的中转站则用中间点表示。航班图还可以标注航班号、飞机型号、航班状态等重要信息,方便用户快速获取需要的信息。航班图在航空业中被广泛应用,航空公司可以通过航班图进行航班排班和资源调配,机场可以优化航班起降流程,旅客可以方便地查询航班信息、规划行程。航班图的直观性和易读性使其成为航空运输领域重要的信息展示工具。

完成本实验,应该能够:

(1) 掌握基于 Schema 的数据导入方法及 spark.sql 的查询方法。
(2) 掌握基于 Folium 包的地图可视化方法。
(3) 掌握 GraphFrames 包的基本使用方法,包括图的构建、图的 motif 查询、广度优先搜索方法等。

9.2 实验环境

本章采用的原始数据集主要包括从 openflights.org 网站下载得到的世界机场信息文件(airpots.dat) 与航班路由信息文件 (routes.dat)。

9.3 实验方法

在本章实验中主要学习 Spark GraphFrames 的主要使用方法。GraphFrames 类库构建在 Spark DataFrame 之上,它既能利用 DataFrame 良好的扩展性和强大的性能,同时也为 Scala、Java 和 Python 提供了统一的图处理 API。GraphX 基于 RDD API,不支持 Python API;但 GraphFrame 基于 DataFrame,并且支持 Python API。

目前,GraphFrame 还未集成到 Spark 中,而是作为单独的项目存在。GraphFrame 遵循与 Spark 相同的代码质量标准,并且它是针对大量 Spark 版本进行交叉编译和发布的。与 Apache

Spark 的 GraphX 类似，GraphFrame 支持多种图处理功能，主要有以下几方面的优势：

（1）统一的 API：为 Python、Java 和 Scala 三种语言提供了统一的接口，这是 Python 和 Java 首次能够使用 GraphX 的全部算法。

（2）强大的查询功能：GraphFrames 使得用户可以构建与 Spark SQL 以及 DataFrame 类似的查询语句。

（3）图的存储和读取：GraphFrame 与 DataFrame 的数据源完全兼容，支持以 Parquet、JSON 以及 CSV 等格式完成图的存储或读取。在 GraphFrames 中图的顶点（vertex）和边（edge）都是以 DataFrame 形式存储的，所以一个图的所有信息都能够完整保存。

（4）GraphFrame 可以实现与 GraphX 的完美集成。两者之间相互转换时不会丢失任何数据。

9.4 实 验 过 程

9.4.1 环境初始化

打开 Jupyter Notebook 实验环境，新建一个名为 spark_gf_airplanes 的 Jupyter 笔记本文件。首先需要引入本章需要用到各个 Python 包。代码如下：

```
1. % matplotlib inline
2. import folium
3. import pyspark
4. from pyspark.sql import SparkSession
5. import graphframes as gf
6. import pyspark.sql.functions as F
7. from pyspark.sql.types import StructType, StructField, StringType, IntegerType, DoubleType
```

由于本章实验需要使用 PySpark，所以还需要对其进行初始化。代码如下：

```
8. conf=pyspark.SparkConf() \
9. .set("spark.executor.memory","1g") \
10. .set("spark.executor.core","1") \
11. .setAppName("airGraphApp") \
12. .setMaster("local[0]")
13. spark=SparkSession.builder.config(conf=conf).getOrCreate()
```

9.4.2 机场信息数据导入

首先需要使用 StructType()函数定义用于导入机场信息数据文件的数据格式，如航班 ID、名称、城市、国家等。这里只选择其中的若干列导入，与本实验不相干的列未导入。代码如下：

```
14. airportSchema=StructType([
15. StructField(name="airport_id", dataType=IntegerType(), nullable=False),
16. StructField("name", StringType(), True),
17. StructField("city", StringType(), True),
```

```
18. StructField("country", StringType(), True),
19. StructField("iata", StringType(), True),
20. StructField("icao", StringType(), True),
21. StructField("lat", DoubleType(), True),
22. StructField("lng", DoubleType(), True),
23. StructField("alt", IntegerType(), True)])
```

接着使用 spark.read.load( ) 方法完成数据文件的导入，然后就可以调用 df_airports.count( ) 函数查看成功导入的机场数量。代码如下：

```
24. df_airports=spark.read.load("./airports.dat",
25. format="csv",
26. header="false",
27. schema=airportSchema,
28. inferSchema="false",
29. sep=",")
30.
31. print("Total number of airports:", df_airports.count())
32. df_airports.show(5)
```

上述代码中第 31 行与第 32 行的输出样例如图 9.1 所示。

```
Total number of airports: 7698
+----------+------------------+------------+----------------+----+----+------------------+------------------+----+
|airport_id|              name|        city|         country|iata|icao|               lat|               lng| alt|
+----------+------------------+------------+----------------+----+----+------------------+------------------+----+
|         1|    Goroka Airport|      Goroka|Papua New Guinea| GKA|AYGA|-6.081689834590001|      145.391998291|5282|
|         2|    Madang Airport|      Madang|Papua New Guinea| MAD|AYMD|      -5.20707988739|      145.789001465|  20|
|         3|Mount Hagen Kagam...| Mount Hagen|Papua New Guinea| HGU|AYMH|-5.826789855957031|144.29600524902344|5388|
|         4|    Nadzab Airport|      Nadzab|Papua New Guinea| LAE|AYNZ|         -6.569803|        146.725977| 239|
|         5|Port Moresby Jack...|Port Moresby|Papua New Guinea| POM|AYPY|-9.443380355834961|147.22000122070312| 146|
+----------+------------------+------------+----------------+----+----+------------------+------------------+----+
```

图 9.1　导入数据输出样例（只输出 5 行）

使用 df_airports.printSchema( ) 函数可以验证该数据集的数据格式。

```
33. df_airports.printSchema()
```

可以看到上述代码的输出与代码 14~23 行中的 Schema 定义保持一致，结果如图 9.2 所示。

```
root
 |-- airport_id: integer (nullable = true)
 |-- name: string (nullable = true)
 |-- city: string (nullable = true)
 |-- country: string (nullable = true)
 |-- iata: string (nullable = true)
 |-- icao: string (nullable = true)
 |-- lat: double (nullable = true)
 |-- lng: double (nullable = true)
 |-- alt: integer (nullable = true)
```

图 9.2　Schema 的定义

9.4.3 机场信息查询

这里将练习使用 pyspark.sql 中的查询函数来分析机场信息数据。首先希望查询 iata 代码为 SVO 的机场。代码如下：

```
34. df_airports.where(F.col("iata")=="SVO").show()
```

查询结果如图 9.3 所示。

```
+----------+--------------------+------+-------+----+----+---------+-------+---+
|airport_id|                name|  city|country|iata|icao|      lat|    lng|alt|
+----------+--------------------+------+-------+----+----+---------+-------+---+
|      2985|Sheremetyevo Inte...|Moscow| Russia| SVO|UUEE|55.972599|37.4146|622|
+----------+--------------------+------+-------+----+----+---------+-------+---+
```

图 9.3 机场信息查询示例 1

接着希望查询所有地点位于俄罗斯莫斯科的机场，为此构建如下的一个过滤器（filter）。代码如下：

```
35. moscow_airport_filter = \
36. F.lower(F.col("country")).like("rus%") \
37. & \
38. F.lower(F.col("city")).like("mos%")
39. df_airports.where(moscow_airport_filter).show(5)
```

在上述代码中，为了避免大小写字符串的干扰，统一将查询列转变为小写形式后进行查询操作，其中第 38 行的输出如图 9.4 所示。

```
+----------+--------------------+------+-------+----+----+----------------+------------------+---+
|airport_id|                name|  city|country|iata|icao|             lat|               lng|alt|
+----------+--------------------+------+-------+----+----+----------------+------------------+---+
|      2985|Sheremetyevo Inte...|Moscow| Russia| SVO|UUEE|       55.972599|           37.4146|622|
|      2988|Vnukovo Internati...|Moscow| Russia| VKO|UUWW|     55.5914993286|      37.2615013123|685|
|      4029|Domodedovo Intern...|Moscow| Russia| DME|UUDD|55.40879821777344| 37.90629959106445|588|
|      4360|      Bykovo Airport|Moscow| Russia| BKA|UUBB|     55.6171989441|      38.0600013733|427|
|      8661|Ostafyevo Interna...|Moscow| Russia| OSF|UUMO|        55.511667|         37.507222|568|
+----------+--------------------+------+-------+----+----+----------------+------------------+---+
```

图 9.4 机场信息查询示例 2（只显示 5 行）

然后将上述机场的经纬度标定到地图中，以可视化的形式展现机场的位置信息，使用 Folium 包可以完成此任务。代码如下：

```
40. m=folium.Map()
41. html_template = \
42. "<p><b>Name:</b> {0}</br><b>IATA</b>: {1}</br><b>City</b>: {2}</br><b>Country:</b> {3}</p>"
43. for index, row in \
44.     df_airports.where(moscow_airport_filter).toPandas().iterrows():
45.     folium.Marker([row["lat"], row["lng"]],
46.         popup=folium.Popup(
47.             html=html_template.format(
```

```
48.              row["name"], row["iata"],
49.              row["city"], row["country"])
50.          ),
51.          max_width=400
52.      ),
53.      tooltip="{}".format(row["name"])
54.  ).add_to(m)
55.
56. m.fit_bounds(m.get_bounds())
57. m
```

为了循环访问 moscow_airport_filter 的查询结果，需要使用在上述代码第 44 行中的方法将其转换为 pandas 对象。在循环中可以访问到机场的经纬度，接着将其作为 folium.Marker() 函数的第一个参数即可以在地图中标定出机场的位置。注意：上述代码中 57 行不可省略，否则在 Jupyter Notebook 中无法显示地图，结果为一幅以莫斯科为中心的航班图。

9.4.4 航班图构建

在航班图中，顶点即为机场，边即为航线。上述步骤中已经导入了机场信息，接着将继续导入航线信息，航线信息的 Schema 代码如下：

```
58. routeSchema=StructType([
59. StructField("airline", StringType(), False),
60.     StructField("airline_id", IntegerType(), True),
61.     StructField("src_airport", StringType(), True),
62.     StructField("src_airport_id", IntegerType(), True),
63.     StructField("dst_airport", StringType(), True),
64.     StructField("dst_airport_id", IntegerType(), True),
65.     StructField("codeshare", StringType(), True),
66.     StructField("stops", IntegerType(), True),
67.     StructField("equipment", StringType(), True)])
```

同样使用 spark.read.load() 函数可以导入航班信息数据文件 routes.dat。代码如下：

```
68. df_routes_raw=spark.read.load(routes_data_path,
69. format="csv",
70. header="false",
71. schema=routeSchema,
72. inferSchema="false",
73. sep=",")
74. print("Total number of routes:", df_routes_raw.count())
75. df_routes_raw.show(5)
```

成功导入了 67663 条航班信息，如图 9.5 所示。

```
Total number of routes: 67663
+-------+----------+-----------+-------------+-----------+-------------+---------+-----+---------+
|airline|airline_id|src_airport|src_airport_id|dst_airport|dst_airport_id|codeshare|stops|equipment|
+-------+----------+-----------+-------------+-----------+-------------+---------+-----+---------+
|     2B|       410|        AER|         2965|        KZN|         2990|     null|    0|      CR2|
|     2B|       410|        ASF|         2966|        KZN|         2990|     null|    0|      CR2|
|     2B|       410|        ASF|         2966|        MRV|         2962|     null|    0|      CR2|
|     2B|       410|        CEK|         2968|        KZN|         2990|     null|    0|      CR2|
|     2B|       410|        CEK|         2968|        OVB|         4078|     null|    0|      CR2|
+-------+----------+-----------+-------------+-----------+-------------+---------+-----+---------+
```

图 9.5 航班导入数据输出样例（只显示 5 行）

9.4.5 航班信息查询

首先查询直达航班（即没有经停机场的航班）的数量。代码如下：

```
76. df_routes=df_routes_raw.where(F.col("stops")==0)
77. df_routes.count()
```

结果显示有 67652 条直达航班。

接着查询到所有从谢列梅捷沃机场（SVO，位于俄罗斯莫斯科）出发或到达该机场的所有航线，并附加出发和到达地机场的坐标。代码如下：

```
78. df_routes_coord=df_routes.select("src_airport", "dst_airport") \
79.     .where((F.col("src_airport")=="SVO")).distinct() \
80.     .join(df_airports.select(F.col("iata").alias("src"),
81.                              F.col("lat").alias("src_lat"),
82.                              F.col("lng").alias("src_lng")),
83.           on=[F.col("src_airport")==F.col("src")]) \
84.     .join(df_airports.select(F.col("iata").alias("dst"),
85.                              F.col("city").alias("dst_city"),
86.                              F.col("country").alias("dst_country"),
87.                              F.col("lat").alias("dst_lat"),
88.                              F.col("lng").alias("dst_lng")),
89.           on=[F.col("dst_airport")==F.col("dst")])
90.
91. print("Number of routes from SVO:", df_routes_coord.count())
92. print("Number of countries:", df_routes_coord.select("dst_country")
.distinct().count())
93. df_routes_coord.show(5)
```

df_routes 数据集中没有机场的坐标信息，所以为了在查询结果中附加出发和到达机场的坐标，必须使用 join() 函数连接 df_airports 数据集。上述代码的第 91~93 行的输出样例如图 9.6 所示。

```
Number of routes from SVO: 144
Number of countries: 57
+-----------+-----------+---+---------+---------+---+-----------+-----------+-----------------+------------------+
|src_airport|dst_airport|src|  src_lat|  src_lng|dst|   dst_city|dst_country|          dst_lat|           dst_lng|
+-----------+-----------+---+---------+---------+---+-----------+-----------+-----------------+------------------+
|        SVO|        KRK|SVO|55.972599|  37.4146|KRK|     Krakow|     Poland|        50.077702|           19.7848|
|        SVO|        NBC|SVO|55.972599|  37.4146|NBC|Nizhnekamsk|     Russia|55.56470108032266| 52.09249877929687|
|        SVO|        CAN|SVO|55.972599|  37.4146|CAN|  Guangzhou|      China|23.39240741577155|113.29900360107422|
|        SVO|        MSQ|SVO|55.972599|  37.4146|MSQ|    Minsk 2|    Belarus|     53.882499694824|   28.030700683594|
|        SVO|        BOJ|SVO|55.972599|  37.4146|BOJ|    Bourgas|   Bulgaria|42.56959915161133| 27.515199661254883|
+-----------+-----------+---+---------+---------+---+-----------+-----------+-----------------+------------------+
```

图 9.6 机场坐标信息示例（只显示 5 行）

然后将上述查询结果以可视化的形式展现在地图中。代码如下：

```
94. m=folium.Map()
95.
96. df_routs_coord_pn=df_routes_coord.toPandas()
97. df_source_coord_pn=df_airports.where(F.col("iata")=="SVO").toPandas()
98.
99. # Destinations
100. for index, row in df_routs_coord_pn.iterrows():
101.     folium.PolyLine(
102.         [
103.             (row["src_lat"], row["src_lng"]),
104.             (row["dst_lat"], row["dst_lng"])
105.         ],
106.         color="#888888",
107.         weight=0.5,
108.         opacity=0.5
109.     ).add_to(m)
110.     folium.CircleMarker(
111.         location=(row["dst_lat"], row["dst_lng"]),
112.         radius=5,
113.         tooltip="{0}</br>{1}</br>{2}".format(
114.             row["dst"],
115.             row["dst_city"],
116.             row["dst_country"]
117.         ),
118.         color="seagreen",
119.         fill_color="seagreen",
120.         fill_opacity=0.5,
121.         fill=True
122.     ).add_to(m)
123.
124. # Source
125. first_row=df_source_coord_pn.iloc[0]
126. folium.CircleMarker(
127.     location=(first_row["lat"], first_row["lng"]),
128.     radius=5,
129.     tooltip="{0}</br>{1}</br>{2}".format(
130.         first_row["iata"],
131.         first_row["city"],
132.         first_row["country"]
133.     ),
134.     color="red",
135.     fill_color="red",
136.     fill_opacity=0.5,
```

```
137.        fill=True
138. ).add_to(m)
139.
140. m.fit_bounds(m.get_bounds())
141. m
```

查询所有从莫斯科的 SVO 机场到纽约 JFK 机场的航班信息：

```
df_routes.where((F.col("src_airport")=="SVO") & (F.col("dst_airport")=="JFK"))
.show()
```

查询结果如图 9.7 所示。

```
+-------+----------+-----------+--------------+-----------+--------------+---------+-----+-----------+
|airline|airline_id|src_airport|src_airport_id|dst_airport|dst_airport_id|codeshare|stops|  equipment|
+-------+----------+-----------+--------------+-----------+--------------+---------+-----+-----------+
|     DL|      2009|        SVO|          2985|        JFK|          3797|     null|    0|333 76W 77W|
|     SU|       130|        SVO|          2985|        JFK|          3797|     null|    0|    333 77W|
+-------+----------+-----------+--------------+-----------+--------------+---------+-----+-----------+
```

图 9.7　航路简单查询样例

9.4.6　航班图信息查询

基于机场信息与航班信息，使用 GraphFrames 库构建航班图模型。由于 GraphFrames 要求顶点数据集必须含有名为 id 的列，所以首先将 df_airports 中的 iata 列重命名为 id 列。代码如下：

```
142. df_vertices=df_airports.withColumnRenamed("iata","id")
143. df_vertices.show(5)
```

执行结果如图 9.8 所示。

```
+----------+------------------+-----------+----------------+---+----+------------------+-----------------+----+
|airport_id|              name|       city|         country| id|icao|               lat|              lng| alt|
+----------+------------------+-----------+----------------+---+----+------------------+-----------------+----+
|         1|    Goroka Airport|     Goroka|Papua New Guinea|GKA|AYGA|-6.081689834590001|145.391998291    |5282|
|         2|    Madang Airport|     Madang|Papua New Guinea|MAG|AYMD|     -5.20707988739|    145.789001465|  20|
|         3|Mount Hagen Kagam...|Mount Hagen|Papua New Guinea|HGU|AYMH|-5.826789855957031|144.29600524902344|5388|
|         4|    Nadzab Airport|     Nadzab|Papua New Guinea|LAE|AYNZ|         -6.569803|       146.725977| 239|
|         5|Port Moresby Jack...|Port Moresby|Papua New Guinea|POM|AYPY|-9.443380355834961|147.22000122070312| 146|
+----------+------------------+-----------+----------------+---+----+------------------+-----------------+----+
```

图 9.8　机场信息与航班信息（只显示 5 行）

按照 GraphFrames 的要求边数据集必须有 src 和 dst 列，所有按照如下代码从 df_routes 数据集中构建边数据集。代码如下：

```
144. df_edges=df_routes.select(F.col("src_airport").alias("src"),
145.                           F.col("dst_airport").alias("dst"),
146.                           "airline")
147. df_edges.show(5)
```

执行结果如图 9.9 所示。

现在可以使用 gf.GraphFrame( ) 函数构建航班图，该函数有两个参数，分别为顶点数据集和边数据集。代码如下：

```
+---+---+-------+
|src|dst|airline|
+---+---+-------+
|AER|KZN|     2B|
|ASF|KZN|     2B|
|ASF|MRV|     2B|
|CEK|KZN|     2B|
|CEK|OVB|     2B|
+---+---+-------+
```

图 9.9　航班图的构建 1（只显示 5 行）

148. gf_routes=gf.GraphFrame(df_vertices, df_edges)
149. gf_routes.triplets.show()

使用 triplets.show( ) 函数可以查看该图的三元组信息，结果如图 9.10 所示。

```
+--------------------+--------------+--------------------+
|                 src|          edge|                 dst|
+--------------------+--------------+--------------------+
|[2965, Sochi Inte...|[AER, KZN, 2B]|[2990, Kazan Inte...|
|[2966, Astrakhan ...|[ASF, KZN, 2B]|[2990, Kazan Inte...|
|[2966, Astrakhan ...|[ASF, MRV, 2B]|[2962, Mineralnyy...|
|[2968, Chelyabins...|[CEK, KZN, 2B]|[2990, Kazan Inte...|
|[2968, Chelyabins...|[CEK, OVB, 2B]|[4078, Tolmachevo...|
|[4029, Domodedovo...|[DME, KZN, 2B]|[2990, Kazan Inte...|
|[4029, Domodedovo...|[DME, NBC, 2B]|[6969, Begishevo ...|
|[4029, Domodedovo...|[DME, TGK, 2B]|[6932, Taganrog Y...|
|[4029, Domodedovo...|[DME, UUA, 2B]|[6160, Bugulma Ai...|
|[6156, Belgorod I...|[EGO, KGD, 2B]|[2952, Khrabrovo ...|
|[6156, Belgorod I...|[EGO, KZN, 2B]|[2990, Kazan Inte...|
|[2922, Heydar Ali...|[GYD, NBC, 2B]|[6969, Begishevo ...|
|[2952, Khrabrovo ...|[KGD, EGO, 2B]|[6156, Belgorod I...|
|[2990, Kazan Inte...|[KZN, AER, 2B]|[2965, Sochi Inte...|
|[2990, Kazan Inte...|[KZN, ASF, 2B]|[2966, Astrakhan ...|
|[2990, Kazan Inte...|[KZN, CEK, 2B]|[2968, Chelyabins...|
|[2990, Kazan Inte...|[KZN, DME, 2B]|[4029, Domodedovo...|
|[2990, Kazan Inte...|[KZN, EGO, 2B]|[6156, Belgorod I...|
|[2990, Kazan Inte...|[KZN, LED, 2B]|[2948, Pulkovo Ai...|
|[2990, Kazan Inte...|[KZN, SVX, 2B]|[2975, Koltsovo A...|
+--------------------+--------------+--------------------+
```

图 9.10　航班图的构建 2（只显示 20 行数据）

顶点的入度和出度是图的重要信息，可以通过 gf_routes.inDegrees 和 gf_routes.outDegrees 属性访问。代码如下：

150. gf_routes.inDegrees.orderBy(-F.col("inDegree")).show()
151. gf_routes.outDegrees.orderBy(-F.col("outDegree")).show()

接下来使用 PageRank 算法为航班图中的每个机场赋予一个 pagerank 值，该值一定程度上反映了机场的重要性。可以按照 pagerank 值对机场继续排序。代码如下：

152. gf_routes_pr.vertices \
153. 　　.select("id", "name", "city", "country", "pagerank") \
154. 　　.orderBy(-F.col("pagerank")) \
155. 　　.show()

执行结果如图 9.11 所示。

```
+---+--------------------+----------------+--------------------+------------------+
| id|                name|            city|             country|          pagerank|
+---+--------------------+----------------+--------------------+------------------+
|ATL|Hartsfield Jackso...|         Atlanta|       United States| 56.95396317248336|
|ORD|Chicago O'Hare In...|         Chicago|       United States|35.692467091938624|
|LAX|Los Angeles Inter...|     Los Angeles|       United States| 34.72075758610854|
|DFW|Dallas Fort Worth...|Dallas-Fort Worth|      United States|32.44424638652268|
|SIN|Singapore Changi ...|       Singapore|           Singapore|30.628773537751577|
|LHR|London Heathrow A...|          London|      United Kingdom|30.445406284411487|
|CDG|Charles de Gaulle...|           Paris|              France| 30.38032297639616|
|JFK|John F Kennedy In...|        New York|       United States|27.82330466033804|
|PEK|Beijing Capital I...|         Beijing|               China|27.670142805631013|
|DEN|Denver Internatio...|          Denver|       United States| 27.53620386225238|
|FRA|Frankfurt am Main...|       Frankfurt|             Germany| 27.50931436588094|
|MIA|Miami Internation...|           Miami|       United States|25.979302226923586|
|DME|Domodedovo Intern...|          Moscow|              Russia|25.697148935598836|
|SYD|Sydney Kingsford ...|          Sydney|           Australia| 25.23265563764681|
|AMS|Amsterdam Airport...|       Amsterdam|         Netherlands| 25.17002245387394|
|DXB|Dubai Internation...|           Dubai|United Arab Emirates|24.80986352282582|
|IST|    Istanbul Airport|        Istanbul|              Turkey|24.639136425231136|
|BKK|Suvarnabhumi Airport|         Bangkok|            Thailand|22.994193345297006|
|ICN|Incheon Internati...|           Seoul|         South Korea| 22.71306411692894|
|PVG|Shanghai Pudong I...|        Shanghai|               China| 21.87030243550618|
+---+--------------------+----------------+--------------------+------------------+
```

图 9.11 航班图的构建 3（只显示 20 行数据）

然后通过 join() 函数将顶点的入度和出度附加到顶点数据集上。代码如下：

```
156. gf_routes_pr.vertices\
157.     .select("id", "name", "city", "country", "pagerank")\
158.     .join(gf_routes.inDegrees, on=["id"])\
159.     .join(gf_routes.outDegrees, on=["id"])\
160.     .orderBy(-F.col("pagerank"))\
161.     .show()
```

执行结果如图 9.12 所示。

```
+---+--------------------+----------------+--------------------+------------------+--------+---------+
| id|                name|            city|             country|          pagerank|inDegree|outDegree|
+---+--------------------+----------------+--------------------+------------------+--------+---------+
|ATL|Hartsfield Jackso...|         Atlanta|       United States| 56.95396317248336|     911|      915|
|ORD|Chicago O'Hare In...|         Chicago|       United States|35.692467091938624|     550|      558|
|LAX|Los Angeles Inter...|     Los Angeles|       United States| 34.72075758610854|     498|      492|
|DFW|Dallas Fort Worth...|Dallas-Fort Worth|      United States|32.44424638652268|     467|      469|
|SIN|Singapore Changi ...|       Singapore|           Singapore|30.628773537751577|     412|      408|
|LHR|London Heathrow A...|          London|      United Kingdom|30.445406284411487|     524|      527|
|CDG|Charles de Gaulle...|           Paris|              France| 30.38032297639616|     517|      524|
|JFK|John F Kennedy In...|        New York|       United States|27.82330466033804|     455|      456|
|PEK|Beijing Capital I...|         Beijing|               China|27.670142805631013|     534|      535|
|DEN|Denver Internatio...|          Denver|       United States| 27.53620386225238|     374|      361|
|FRA|Frankfurt am Main...|       Frankfurt|             Germany| 27.50931436588094|     493|      497|
|MIA|Miami Internation...|           Miami|       United States|25.979302226923586|     366|      368|
|DME|Domodedovo Intern...|          Moscow|              Russia|25.697148935598836|     325|      324|
|SYD|Sydney Kingsford ...|          Sydney|           Australia| 25.23265563764681|     202|      208|
|AMS|Amsterdam Airport...|       Amsterdam|         Netherlands| 25.17002245387394|     450|      453|
|DXB|Dubai Internation...|           Dubai|United Arab Emirates|24.80986352282582|     354|      356|
|IST|    Istanbul Airport|        Istanbul|              Turkey|24.639136425231136|     361|      358|
|BKK|Suvarnabhumi Airport|         Bangkok|            Thailand|22.994193345297006|     330|      326|
|ICN|Incheon Internati...|           Seoul|         South Korea| 22.71306411692894|     370|      370|
|PVG|Shanghai Pudong I...|        Shanghai|               China| 21.87030243550618|     414|      411|
+---+--------------------+----------------+--------------------+------------------+--------+---------+
```

图 9.12 航班图的顶点的出度与入度（只显示 20 行）

可以使用 find() 函数对航班图进行 motif 搜索，例如，搜索所有符合"从 KUF（位于萨马拉）机场出发，经由 X 机场，到 BCN（位于巴塞罗那）机场，其中 KUF 到 X 机场由 SU（俄航）或 S7（西伯利亚航空）执飞"模式的航线信息。代码如下：

```
162. motifs=gf_routes.find("(a)-[ab]->(b); (b)-[bc]->(c)") \
163.     .filter("a.id='KUF'and (ab.airline='SU'or ab.airline='S7') and c.id='BCN'")
164. motifs.show(truncate=True)
```

执行结果如图 9.13 所示。

```
+--------------------+--------------+--------------------+--------------+--------------------+
|                   a|            ab|                   b|            bc|                   c|
+--------------------+--------------+--------------------+--------------+--------------------+
|[2993, Kurumoch I...|[KUF, DME, S7]|[4029, Domodedovo...|[DME, BCN, VY]|[1218, Barcelona ...|
|[2993, Kurumoch I...|[KUF, DME, S7]|[4029, Domodedovo...|[DME, BCN, UN]|[1218, Barcelona ...|
|[2993, Kurumoch I...|[KUF, DME, S7]|[4029, Domodedovo...|[DME, BCN, IB]|[1218, Barcelona ...|
|[2993, Kurumoch I...|[KUF, LED, SU]|[2948, Pulkovo Ai...|[LED, BCN, VY]|[1218, Barcelona ...|
|[2993, Kurumoch I...|[KUF, LED, SU]|[2948, Pulkovo Ai...|[LED, BCN, SU]|[1218, Barcelona ...|
|[2993, Kurumoch I...|[KUF, LED, SU]|[2948, Pulkovo Ai...|[LED, BCN, IB]|[1218, Barcelona ...|
|[2993, Kurumoch I...|[KUF, SVO, SU]|[2985, Sheremetye...|[SVO, BCN, UX]|[1218, Barcelona ...|
|[2993, Kurumoch I...|[KUF, SVO, SU]|[2985, Sheremetye...|[SVO, BCN, SU]|[1218, Barcelona ...|
+--------------------+--------------+--------------------+--------------+--------------------+
```

图 9.13 航班图查询 1

最后使用广度优先搜索的方法（bfs( )函数）查询所有由 SU 或 S7 执飞从 KUF 到 BCN 中间只有一个经停的航班。代码如下：

```
165. df_paths=gf_routes.bfs(fromExpr="id='KUF'",
166.     toExpr="id='BCN'",
167.     edgeFilter="(airline='SU') or (airline='S7')",
168.     maxPathLength=2)
169. df_paths.show()
```

执行结果如图 9.14 所示。

```
+--------------------+--------------+--------------------+--------------+--------------------+
|                from|            e0|                  v1|            e1|                  to|
+--------------------+--------------+--------------------+--------------+--------------------+
|[2993, Kurumoch I...|[KUF, LED, SU]|[2948, Pulkovo Ai...|[LED, BCN, SU]|[1218, Barcelona ...|
|[2993, Kurumoch I...|[KUF, SVO, SU]|[2985, Sheremetye...|[SVO, BCN, SU]|[1218, Barcelona ...|
+--------------------+--------------+--------------------+--------------+--------------------+
```

图 9.14 航班图查询 2

9.5 实验总结

本实验主要要求读者学习掌握 Spark GraphFrames 的主要使用方法。结合公开的机场航班信息，可以使用 Spark 构建航班图，最后练习了一些 Spark 图的主要查询方法。

思 考 题

1. 查询所有符合如下模式的航班：从北京的任意机场出发到达上海任意机场且无经停的航班。

2. 分别查询中国境内出发和抵达航班数量最多和最少的机场。

第 10 章 自然语言处理实验

10.1 实验目标

自然语言处理（natural language processing，NLP）是计算机科学领域与人工智能领域中的一个重要方向。自然语言是指人们日常交流使用的语言，如汉语、英语、日语等。从广义上讲，NLP 包含所有用计算机对自然语言进行的处理，从最简单的通过计数词汇出现的频率比较不同的写作风格，到最复杂的"理解"人所说的话。

完成本实验，应该能够：

（1）掌握使用 Spark 进行自然语言处理的方法。

（2）掌握 Spark 的机器学习库 spark.ml 的用法。

10.2 实验环境

10.2.1 实验环境

（1）Spark 集群。

（2）Jupyter Notebook。

（3）Python 3。

10.2.2 实验源数据

对 train_data_cleaning.csv 和 test_data_cleaning.csv 两个文件进行分析，重点使用 pyspark.ml 扩展库提供的机器学习方法。其中，train_data_cleaning.csv 是训练数据集，test_data_cleaning.csv 是测试数据集。数据集的主要变量解释见表 10.1。

表 10.1 数据集中主要变量解释

变 量 名	变 量 解 释
id	每个文本的唯一标识
text	文本内容
location	发送文本的位置（可能为空）
keyword	文本中的关键词（可能为空）
target	标识为 1 或 0

pyspark.ml 是基于 pyspark.sql.dataframe.DataFrame 的机器学习库,实现了对常用机器学习算法的封装实现。

10.3 实 验 方 法

10.3.1 朴素贝叶斯分类器

贝叶斯分类法是统计学分类方法,可以预测类隶属关系的概率,如一个给定的元组属于一个特定类的概率。

朴素贝叶斯分类法假定一个属性值在给定类上的影响独立于其他属性的值。这一假定称为类条件独立性。做此假定是为了简化计算,并在此意义下称为"朴素的"。

朴素贝叶斯分类法的工作步骤如下:

(1) 设 D 是训练元组和它们相关联的类标号的集合。通常,每个元组用一个 n 维属性向量 $X = \{x_1, x_2, \cdots, x_n\}$ 表示,描述由 n 个属性 $A_1, A_2, \cdots, A_n$ 对元组的 n 个测量。

(2) 假定有 m 个类 $C_1, C_2, \cdots, C_m$。给定元组 X,分类法将预测 X 属于具有最高后验概率的类(在条件 X 下)。也就是说,朴素贝叶斯分类法预测 X 属于类 C_i,当且仅当式(10.1)

$$P(C_i | X) > P(C_j | X) \quad 1 \leq j \leq m, \quad j \neq i \tag{10.1}$$

时,最大化 $P(C_i | X)$。$P(C_i | X)$ 的最大类 C_i 称为最大后验假设。根据贝叶斯定理可得式(10.2):

$$P(C_i | X) = \frac{P(X | C_i) P(C_i)}{P(X)} \tag{10.2}$$

(3) 由于 $P(X)$ 对所有类为常数,所以只需要 $P(X | C_i) P(C_i)$ 最大即可。如果类的先验概率未知,则通常假定这些类是等概率的,即 $P(C_1) = P(C_2) = \cdots = P(C_i)$,并据此对 $P(X | C_i)$ 最大化。否则,最大化 $P(X | C_i) P(C_i)$。

(4) 给定具有许多属性的数据集,计算 $P(X | C_i)$ 的开销可能非常大。为了降低计算 $P(X | C_i)$ 的开销,可以做类条件独立的朴素假定。给定元组的类标号,假定属性值有条件地相互独立(即属性之间不存在依赖关系),如式(10.3)所示:

$$P(X | C_i) = \prod_{k=1}^{n} P(x_k | C_i) = P(x_1 | C_i) P(x_2 | C_i) \cdots P(x_n | C_i) \tag{10.3}$$

可以很容易地由训练元组估计概率 $P(x_1 | C_i), P(x_2 | C_i), \cdots, P(x_n | C_i)$。$x_k$ 表示元组 X 在属性 A_k 的值。对于每个属性,考察该属性是分类的还是连续值的。例如,为了计算 $P(X | C_i)$,考虑如下情况:

● 如果 A_k 是分类属性,则 $P(x_k | C_i)$ 是 D 中属性 A_k 的值为 x_k 的 C_i 类的元组数除以 D 中 C_i 类的元组数 $|C_i, D|$。

● 如果 A_k 是连续值属性,则需要多做一些工作。通常,假定连续值属性服从均值为 μ,标准差为 σ 的高斯分布,由式(10.4)定义:

$$g(x, \mu, \sigma) = \frac{1}{\sqrt{2\pi} \sigma} e^{-\frac{(x-\mu)^2}{2\sigma^2}} \tag{10.4}$$

因此,计算公式如式(10.5),需要计算 μ_{C_i} 和 σ_{C_i},它们分别是 C_i 类训练元组属性 A_k 的均值（即平均值）和标准差。

$$P(x_k \mid C_i) = g(x_k, \mu_{C_i}, \sigma_{C_i}) \tag{10.5}$$

● 为了预测 X 的类编号，对每个类 C_i，计算 $P(X \mid C_i)P(C_i)$。该分类预测输入元组 X 的类为 C_i，当且仅当公式（10.6）

$$P(X \mid C_i)P(C_i) > P(X \mid C_j)P(C_j) \quad 1 \leq j \leq m, \; j \neq i \tag{10.6}$$

时，被预测的类标号是使 $P(X \mid C_i)P(C_i)$ 的最大的类 C_i。

10.3.2 逻辑回归

逻辑回归即为对数概率回归，虽然它的名字是"回归"，但实际却是一种分类学习方法。考虑二分类任务，其输出标记 $y \in \{0, 1\}$，而线性回归模型产生的预测值 $z = \boldsymbol{w}^\mathrm{T} x + b$（其中，$\boldsymbol{w}$ 是权重向量，b 是偏置，两者都是可以学习的参数）是实值，于是需要将 z 转换为 0/1 值，首先会想到使用"单位阶跃函数"，见式（10.7）：

$$y = \begin{cases} 0 & ,z < 0 \\ 0.5 & ,z = 0 \\ 1 & ,z > 0 \end{cases} \tag{10.7}$$

即若测值 z 大于零就判为正例，小于零则判为反例，预测值为临界值零则可任意判别。但是阶跃函数不连续，对数概率函数（logistic function）单调可微，且在一定程度上可以近似单位阶跃函数，可以成为"替代函数"。对数概率函数见式（10.8）：

$$y = \frac{1}{1 + \mathrm{e}^{-z}} \tag{10.8}$$

将线性模型产生的预测值 z 代入式（10.8），得到式（10.9）：

$$y = \frac{1}{1 + \mathrm{e}^{-(\boldsymbol{w}^\mathrm{T} x + b)}} \tag{10.9}$$

式（10.9）可以变化为式（10.10）：

$$\ln \frac{y}{1-y} = \boldsymbol{w}^\mathrm{T} x + b \tag{10.10}$$

若将 y 看作样本 x 作为正例的可能性，则 $1-y$ 是反例的可能性，两者比值如下：

$$\frac{y}{1-y}$$

称为概率，反映了 x 作为正例的相对可能性。对概率取对数则得到"对数概率"，见下式：

$$\ln \frac{y}{1-y}$$

10.4 实验过程

首先导入本实验需要的 Python 扩展库 NumPy 和 pandas，之后导入 PySpark 的相关扩展库。代码如下：

```
1. import numpy as np
2. import pandas as pd
3.
```

```
4. from pyspark.sql import SparkSession
5. from pyspark.ml import Pipeline
6. from pyspark.ml.feature import CountVectorizer,StringIndexer, RegexTokenizer,
   StopWordsRemover
7. from pyspark.sql.functions import col, udf,regexp_replace,isnull
8. from pyspark.sql.types import StringType,IntegerType
9. from pyspark.ml.classification import NaiveBayes, RandomForestClassifier,
   LogisticRegression, DecisionTreeClassifier, GBTClassifier
10. from pyspark.ml.evaluation import MulticlassClassificationEvaluator,
    BinaryClassificationEvaluator
```

创建Spark的连接并读入数据。将train_data_cleaning.csv文件中的数据读入sdf_train对象中。sdf_train对象的数据类型是pyspark.sql.dataframe.DataFrame。代码如下：

```
11. spark=SparkSession.builder.appName('nlp').getOrCreate()
12.
13. sdf_train = spark.read.csv('./train_data_cleaning.csv', header = True,
    inferSchema=True)
14. sdf_test=spark.read.csv('./test_data_cleaning.csv', inferSchema=True,
    header=True)
```

10.4.1 数据预处理

选择sdf_train中的id、text、target三列数据赋值给ml_df变量。将有缺失值的行过滤去掉，之后ml_df对象中的行数会有所减少。代码如下：

```
15. ml_df=sdf_train.select("id","text","target")
16. ml_df=ml_df.dropna()
```

使用正则表达式去掉text列中的数字，并生成新的一列存放去掉数字之后的文本内容，新生成的列名为only_str。代码如下：

```
17. ml_df=ml_df.withColumn("only_str",regexp_replace(col('text'),'\d+',''))
```

使用正则表达式进行文档切分，生成的单词组存放到新的一列中，新生成的列名为words。之后使用StopWordsRemover类对words列中的词列表移除停用词，默认停用词表在构建StopWordsRemover时调用loadDefaultStopWords（language：String）：Array［String］加载/org/apache/spark/ml/feature/stopwords/english.txt。english.txt是一个简单的停止词表，包含181个停用词。去掉停用词的列表存放放到新的一列中，新生成的列名为filtered。代码如下：

```
18. regex_tokenizer = RegexTokenizer ( inputCol = " only_str", outputCol = "
    words", pattern="\W")
19. raw_words=regex_tokenizer.transform(ml_df)
20. remover=StopWordsRemover(inputCol="words", outputCol="filtered")
21. words_df=remover.transform(raw_words)
```

根据filtered列中的词频构建词频向量，CountVectorizer属于常见的特征数值计算类，是一

个文本特征提取方法。对于每一个训练文本,它只考虑每种词汇在该训练文本中出现的频率。代码如下:

```
22. cv=CountVectorizer(inputCol="filtered", outputCol="features")
23. model=cv.fit(words_df)
24. countVectorizer_train=model.transform(words_df)
25. countVectorizer_train=countVectorizer_train.withColumn("label",col('target'))
```

将数据随机划分为训练集和测试集,其中训练集和测试集的数据各占总数据的 80% 和 20%。代码如下:

```
26. (train, validate)=countVectorizer_train.randomSplit([0.8, 0.2],seed=97435)
```

10.4.2 机器学习中的预测模型

朴素贝叶斯分类的代码如下:

```
27. nb=NaiveBayes(modelType="multinomial",labelCol="label",featuresCol="features")
28. nbModel=nb.fit(train)
29. nb_predictions=nbModel.transform(validate)
30.
31. nbEval=BinaryClassificationEvaluator()
32. print('Test Area Under ROC', nbEval.evaluate(nb_predictions))
33.
34. evaluator = MulticlassClassificationEvaluator(labelCol="label",
    predictionCol="prediction", metricName="accuracy")
35. nb_accuracy=evaluator.evaluate(nb_predictions)
36. print("Accuracy of NaiveBayes is=%g"% (nb_accuracy))
```

逻辑回归的代码如下:

```
37. from pyspark.ml.classification import LogisticRegression
38. lr = LogisticRegression(featuresCol='features', labelCol='target',
    maxIter=10)
39. lrModel=lr.fit(train)
40.
41. import matplotlib.pyplot as plt
42. import numpy as np
43.
44. beta=np.sort(lrModel.coefficients)
45. plt.plot(beta)
46. plt.ylabel('Beta Coefficients')
47. plt.show()
48.
49. trainingSummary=lrModel.summary
50. lrROC=trainingSummary.roc.toPandas()
51.
```

```
52. plt.plot(lrROC['FPR'],lrROC['TPR'])
53. plt.ylabel('False Positive Rate')
54. plt.xlabel('True Positive Rate')
55. plt.title('ROC Curve')
56. plt.show()
57.
58. print('Training set areaUnderROC: '+str(trainingSummary.areaUnderROC))
59.
60. pr=trainingSummary.pr.toPandas()
61. plt.plot(pr['recall'],pr['precision'])
62. plt.ylabel('Precision')
63. plt.xlabel('Recall')
64. plt.show()
65.
66. lrPreds=lrModel.transform(validate)
67. lrPreds.select('id','prediction').show(5)
68.
69. lrEval=BinaryClassificationEvaluator()
70. print('Test Area Under ROC', lrEval.evaluate(lrPreds))
71.
72. evaluator=MulticlassClassificationEvaluator(labelCol="label", predictionCol="prediction", metricName="accuracy")
73. lr_accuracy=evaluator.evaluate(lrPreds)
74. print("Accuracy of Logistic Regression is=%g"% (lr_accuracy))
75.
76. from pyspark.ml.classification import DecisionTreeClassifier
77.
78. dt=DecisionTreeClassifier(featuresCol='features', labelCol='target', maxDepth=3)
79. dtModel=dt.fit(train)
80. dtPreds=dtModel.transform(validate)
81. dtPreds.show(5)
82.
83. dtEval=BinaryClassificationEvaluator()
84. dtROC=dtEval.evaluate(dtPreds, {dtEval.metricName: "areaUnderROC"})
85. print("Test Area Under ROC: "+str(dtROC))
86.
87. evaluator=MulticlassClassificationEvaluator(labelCol="label", predictionCol="prediction", metricName="accuracy")
88. dt_accuracy=evaluator.evaluate(dtPreds)
89. print("Accuracy of Decision Trees is=%g"% (dt_accuracy))
```

10.5 实验总结

本实验讲解了 Spark 进行自然语言处理的方法,重点讲解了 Spark 的机器学习库 pyspark.ml 的用法,使用分类算法对文本内容进行处理。

思 考 题

1. 请举例说明 NLP 的适用场景。
2. 思考还有哪些分类方法可以用于完成本实验的任务。

第11章　扩展：深度主题模型

前几章介绍了一些典型的大数据任务，采用了多种基于统计的方法，如逻辑回归模型、支持向量机模型、朴素贝叶斯模型等，但是随着计算机算力的发展，基于深度学习的模型也日趋成熟。由于其能够发现海量数据中的重要信息并自动计算，所以成为另一种解决大数据任务的主流方法。因此，本书针对自然语言处理任务，介绍了一种基于文本主题和深度学习的文本表示模型——深度主题模型，目的是让读者对深度学习方法的主要原理、主要流程有所了解，为后续继续学习深度学习相关方法提供帮助。

首先简要介绍了词嵌入（word embedding）发展过程中的主要研究方法，如基于统计学的和基于神经网络的，并引出"分布式语义"的概念。然后，重点介绍了主题模型的原理以及传统的主题模型，最后，详细介绍了深度主题模型的两个典型代表：ETM 和 D-ETM。

11.1　词　嵌　入

词嵌入是一种将语义从文字空间嵌入数字空间的方法的统称。在自然语言处理任务中，将文字表示成计算机可以处理的数据形式，是极其基础且重要的一步。具体来讲，计算机可以更好地解读数值型数据，所以需要将语言的基本单位——词映射为数值形式，其映射过程可以看成是 embedding。到目前为止，研究者从简单到复杂设计了众多词嵌入方法，如 one-hot、Bag of Word 和 TF-IDF、Word2Vec 等，这些方法的探究过程，也体现了词嵌入从词的表层表达到词义的深层表示的演变过程，下面将具体介绍这些方法，并展示应用实例。

11.1.1　基于统计学的词嵌入

1. one-hot

one-hot representation（独热表示）又称一位有效编码，其编码思路来源于通信领域，直观地说就是有多少个状态就有多少比特，而且只有一个比特为 1，其他全为 0 的一种码制。在机器学习中，one-hot 方法常用于特征表示和词表示。在用于特征表示时，它将一个特征中的一种分类看作一种状态，因为每个样本在每种特征上只属于一种分类，所以可以保证该样本中的每个特征只有一位处于状态 1，其他位都是 0。one-hot 用于词时，它将词典中的每一个词看作一种状态，一个词的 one-hot 表示该词所在位置为状态 1，其他都是 0。下面举例说明 one-hot 在特征表示、词表示和语句表示方面的应用。

（1）特征表示：

假设现在用三个特征来描述一个人：国籍、性别、爱好，每一个特征包含不同的类别，见表 11.1。

表 11.1 特征-类别表

特 征	特征 1：性别	特征 2：国籍	特征 3：爱好
类别（0）	男	中国	读书
类别（1）	女	法国	运动
类别（2）	—	韩国	看电影
类别（3）	—	—	玩游戏
类别数 N	2	3	4

所以，当一个样本性别为男性，国籍是中国，爱好是读书时，这个样本在上述三个特征上的 one-hot 编码分别为[1,0]、[1,0,0]、[1,0,0,0]，该样本的完整 one-hot 向量表示就是上述三个特征表示的顺序拼接，即样本["男"，"中国"，"读书"]的 one-hot 向量表示为：[1,0,1,0,0,1,0,0,0]。

(2) 特征表示：

①导入需要的包：scikit-learn 是一个开源的机器学习库，它为 Python 提供了简单而有效的数据挖掘和数据分析工具，并建立在 NumPy、SciPy 和 matplotlib 库之上，此处用于调用 one-hot 编码。pandas 是一个强大的 Python 数据分析工具库，提供了快速、灵活且表达能力强的数据结构，专门设计用于处理结构化（表格、多维、异构）和时间序列数据。代码如下：

```
1. # -*- coding: utf-8 -*-
2. from sklearn.preprocessing import OneHotEncoder
3. import pandas as pd
```

②输入样本：使用 pandas 将样本内容转化为结构化数据。代码如下：

```
4. #原始数据集,每一行是一个样本,每一列是一个特征
5. col_name=['性别','国籍','爱好']      #列名
6. data=[['男','中国','读书'],
7.       ['男','法国','运动'],
8.       ['女','韩国','看电影'],
9.       ['女','中国','玩游戏'],
10.      ['女','法国','运动']]
11. data=pd.DataFrame(data,columns=col_name)
12. print(data)
```

使用 print（data）查看 data 中的内容，结果如图 11.1 所示。

```
  性别  国籍  爱好
0  男  中国  读书
1  男  法国  运动
2  女  韩国  看电影
3  女  中国  玩游戏
4  女  法国  运动
```

图 11.1 数据集内容

③文本数值转化：样本目前是文本数据，但是 one-hot 编码需要使用数值型数据，在结构

化数据基础上，可以使用 pandas 方便地将特征用数值表示。代码如下：

```
13. #把类别转换为数值,因为 one-hot 编码需要先转换成数值型
14. def transform_to_number(data):
15.     for feature in col_name:
16.         listUniq=data.ix[:,feature].unique()
17.         for j in range(len(listUniq)):
18.             data.ix[:,feature]=data.ix[:,feature].apply(lambda x:j if x==listUniq[j] else x)
19.     return data
20.
21. transform_to_number(data)
22. print(data)
```

使用 print（data）查看转化后的 data，结果如图 11.2 所示。

```
   性别 国籍 爱好
0   0   0   0
1   0   1   1
2   0   2   2
3   1   0   3
4   1   1   1
```

图 11.2　预处理之后的数据

④one-hot 编码：enc. fit_transform( ) 是将 fit( ) 和 transform( ) 两个功能合并的一个函数，用于进行 one-hot 编码和获得输入数据的向量表示。

```
23. #进行 one-hot 编码
24. enc=OneHotEncoder()
25. tempdata=enc.fit_transform(data).toarray()
26. print(tempdata)
```

使用 print（tempdata），tempdata 是样本的编码结果，结果如图 11.3 所示。

```
[[1. 0. 1. 0. 0. 1. 0. 0. 0.]
 [1. 0. 0. 1. 0. 0. 1. 0. 0.]
 [0. 1. 0. 0. 1. 0. 0. 1. 0.]
 [0. 1. 1. 0. 0. 0. 0. 0. 1.]
 [0. 1. 0. 1. 0. 0. 1. 0. 0.]]
```

图 11.3　one-hot 编码结果

（3）语句表示：假设语料中共有两条语句。

语句 1：I like singing and dancing

语句 2：Li likes singing and swimming

上述两条语句根据空格进行分词，去除其中的停用词，并去掉重复词之后，提取出词典。词典中包含六个单词，则词典长度为 $N=6$。

词典：['I', 'Li', 'dancing', 'like', 'likes', 'singing', 'swimming']

然后对每个词进行编号：

'I':0, 'Li':1, 'dancing':2, 'like':3, 'likes':4, 'singing':5, 'swimming':6

一条语句是一个样本，词典中的词是这条语句的样本空间，我们可以将词典中每个词当作特征，则一条语句可以表示成长度为 N 的向量，如果某个词存在于这条语句中，向量中该词对应的位置取 1，否则取 0，以语句 1 为例，表示方法如图 11.4 所示。

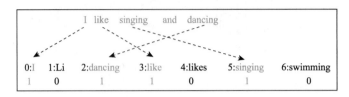

图 11.4　语句与词典对照关系

语句 I like singing and dancing 的 one-hot 向量表示就是 [1,0,1,1,0,1,0]。

（4）词表示：

①导入包：此处需要 pandas 数据处理包，它是一个强大的分析结构化数据的工具集；NLTK（natural language toolkit）是一个自然语言处理（natural language processing，NLP）工具包，是在 NLP 领域中经常使用的一个 Python 库；scikit-learn（sklearn）是机器学习中常用的简单高效的数据挖掘和数据分析工具。代码如下：

```
1.  # -*- coding: utf-8 -*-
2.  #导入包
3.  import pandas as pd
4.  from nltk.corpus import stopwords
5.  import numpy as np
6.  from sklearn.preprocessing import LabelEncoder
7.  from sklearn.preprocessing import OneHotEncoder
```

②样本输入：本样例的样本是上文中的两条语句，将两条语句进行连接，为建立词典做准备。停用词表 stop_words 使用 nltk.corpus 库中的英文停用词表。代码如下：

```
8.  s1='I like singing and dancing'
9.  s2='Li likes singing and swimming'
10. text=s1+' '+s2
11. stop_words=set(stopwords.words('english'))       #使用英文停用词典
```

③建立词典和文本数值转化：样本目前是文本数据，但是 one-hot 编码需要使用数值型数据，LabelEncoder 可以对数据集中的目标标签进行编码，编码值介于 0 和 n_classes-1 之间，此处使用 LabelEncoder 将样本中所有单词转化为数字，存入 text_value 中。我们可以将数字看作单词的编号（index），将单词和编号使用 pandas 存入到词典 word_dict 中，可以方便地根据一个单词查询其编号。

```
12. def text_to_number(text):
13.     wordset=(text).split(' ')                          #使用空格进行分词
14.     wordset=[w for w in wordset if not w in stop_words]  #去除停用词
15.     wordset=np.array(wordset)                         #array() 转化为数组
16.
17.     #LabelEncoder将文本标签转化为数字
```

```
18.     #每个单词获得一个对应的数字,可看作词在词典中的位置
19.     label_encoder=LabelEncoder()
20.     text_value=label_encoder.fit_transform(wordset)
21.
22.     #用pandas构建词典,保存词及其编号
23.     tv=np.array([label_encoder.classes_,label_encoder.transform(label_encoder.classes_)])
24.     word_dict=pd.DataFrame(tv.T)
25.     word_dict.rename(columns={0:'word',1:'index'},inplace=True)
26.
27.     return text_value,word_dict
28.
29. text_value,word_dict=text_to_number(text)
30. print(wordset)
31. print('text_value: ',text_value)
32. print('word_dict: ',word_dict)
```

样本中所有单词的集合如下:

```
['I' 'like' 'singing' 'dangcing' 'Li' 'likes' 'singing' 'swimming']
```

上述单词对应的数值保存在 text_value 中:

```
[0 3 5 2 1 4 5 6]
```

词典 word_dict 自动去除了单词集合中重复的词,第一列为单词,列名为 word,第二列为编号,列名为 index,如图 11.5 所示。

```
     word index
0       I     0
1      Li     1
2 dancing     2
3    like     3
4   likes     4
5  singing    5
6 swimming    6
```

图 11.5　词典

④词的 one-hot 编码:先计算词的 one-hot 向量,语句的 one-hot 向量可看作词汇向量叠加而成。代码如下:

```
33. #OneHotEncoder:onehot 编码
34. onehot_encoder=OneHotEncoder(sparse=False,handle_unknown='ignore')
35. text_value=text_value.reshape(len(text_value),1)
36. onehot_encoder.fit(text_value)
37.
38.
39. #所有词的 onehot 表示
40. onehot_encoded=onehot_encoder.transform(text_value)
41. print('onehot_encoded: ',onehot_encoded)
```

单词的 one-hot 向量保存在 onehot_encoded 中，每一行代表一个单词的 one-hot 向量。代码执行结果如图 11.6 所示。

```
[[1. 0. 0. 0. 0. 0. 0.]
 [0. 0. 0. 1. 0. 0. 0.]
 [0. 0. 0. 0. 0. 1. 0.]
 [0. 0. 1. 0. 0. 0. 0.]
 [0. 1. 0. 0. 0. 0. 0.]
 [0. 0. 0. 1. 0. 0. 0.]
 [0. 0. 0. 0. 1. 0. 0.]
 [0. 0. 0. 0. 0. 0. 1.]]
```

图 11.6 语句的 onehot 编码

⑤语句的 one-hot 编码：首先对语句 stentence 进行分词、去停用词、去重处理，然后通过查询 word_dict 词典，找到单词对应的数值，再使用 onehot_encoder.transform() 函数将该单词编码成 one-hot 向量，最后将单词的 one-hot 向量进行叠加，获得语句的 one-hot 向量。

```
42. #语句的 onehot 表示
43. def sentence_to_onehot(sentence):
44.     words=(sentence).split('')                              #使用空格进行分词
45.     words=list(set(words))                                  #去除语句中的重复单词
46.     words=[w for w in words if not w in stop_words]         #去除停用词
47.     sentence_onehot=np.zeros((1,word_dict.shape[0]))
48.     for word in words:
49.         word_index=word_dict[word_dict['word']==word]['index']
50.         word_index=word_index.reshape(len(word_index),1)
51.         word_vector=onehot_encoder.transform(word_index)    #一个词的 onehot 向量
52.
53.         sentence_onehot+=word_vector   #将本语句中所有词的 onehot 向量叠加
54.     return sentence_onehot
55.
56. sentence_onehot=sentence_to_onehot(s1)
57. print('sentence_onehot: ',sentence_onehot)
```

语句 sentence 是 I like singing and dancing，其 one-hot 向量保存在 sentence_to_onehot 中，结果如下：

```
[[1 0 1 1 0 1 0]]
```

one-hot 方法十分简单直观地将词表示成向量形式，但是其维度与词典大小相等，所以会占用巨大的存储空间，而且矩阵十分稀疏（0 很多，1 很少），这两点都不利于计算机的存储和处理。

2. Bag of Word

one-hot 表示方法只考虑了词在语句中存在与否，未能考虑单词出现的次数。词袋模型（Bag of Word）则解决了这个问题，它将 one-hot 中的 1 替换成该词在语句中出现的次数。下面举例说明词袋模型如何表示一个词。

(1) 语句表示（举例）：

假设语料中共有两条语句：

语句1：I like singing and dancing

语句2：Li likes singing and swimming and Mike also likes that

上述两条语句根据空格进行分词，去除其中的停用词，并去掉重复词之后，提取出词典。词典中包含八个单词，则词典长度为 $N=8$。

词典：['I', 'Li', 'Mike ', 'also ', 'dancing', 'like', 'likes', 'singing', 'swimming']

然后对每个词进行编号：

```
'I': 0,'Li': 1, 'Mike ': 2, 'also ': 3,'dancing': 4,'like': 5,'likes': 6,'singing': 7,'swimming':8
```

每条语句可以视为一个样本，而词典中的词构成了这个样本的样本空间。将词典中的每个词视为特征后，每条语句就可以表示成一个长度为 N 的向量。向量中某个词的位置表示该词在语句中出现的次数。以语句2为例，其表示方法如图11.7所示。

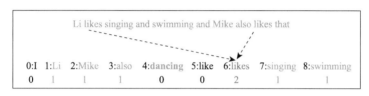

图11.7　语句的词典表示

语句 Li likes singing and swimming and Mike also likes that 的词袋模型向量表示就是 [0, 1, 1, 1, 0, 0, 2, 1, 1]。

(2) 语句表示（代码实现）：

词袋模型的词向量获得方式和one-hot相同，但是在计算语句向量时，词袋模型不需要对语句进行去重，这样才能进行词数统计。代码如下：

```
1. # -*- coding: utf-8 -*-
2. #Bag of Word
3. #导入包
4. import pandas as pd
5. from nltk.corpus import stopwords
6. import numpy as np
7. from sklearn.preprocessing import LabelEncoder
8. from sklearn.preprocessing import OneHotEncoder
9.
10. s1='I like singing and dancing.'
11. s2='Li likes singing and swimming and Mike also likes that.'
12. text=s1+''+s2
13. stop_words=set(stopwords.words('english'))          #使用英文停用词典
14.
15. def text_to_number(text):
16.     wordset=(text).split('')                        #使用空格进行分词
```

```
17.        wordset=[w for w in wordset if not w in stop_words]        #去除停用词
18.        wordset=np.array(wordset)                                   #array()转化为数组
19.
20.        #LabelEncoder 将文本标签转化为数字
21.        #每个单词获得一个对应的数字,可看作词在词典中的位置
22.        label_encoder=LabelEncoder()
23.        text_value=label_encoder.fit_transform(wordset)
24.
25.        #用 pandas 构建词典,保存词及其编号
26.        tv=np.array([label_encoder.classes_,label_encoder.transform(label_encoder.classes_)])
27.        word_dict=pd.DataFrame(tv.T)
28.        word_dict.rename(columns={0:'word',1:'index'},inplace=True)
29.
30.        return text_value,word_dict
31.
32.    text_value,word_dict=text_to_number(text)
33.
34.    print('text_value: ',text_value)
35.    print('word_dict: ',word_dict)
36.
37.    #OneHotEncoder:onehot 编码
38.    onehot_encoder=OneHotEncoder(sparse=False,handle_unknown='ignore')
39.    text_value=text_value.reshape(len(text_value),1)
40.    onehot_encoder.fit(text_value)
41.
42.
43.    #所有词的 onehot 表示
44.    onehot_encoded=onehot_encoder.transform(text_value)
45.    print('onehot_encoded: ',onehot_encoded)
```

相比于 one-hot,不再有语句去重这个步骤。代码如下:

```
46.    #语句的 onehot 表示
47.    def sentence_to_onehot(sentence):
48.        words=(sentence).split(' ')                                 #使用空格进行分词
49.        words=[w for w in words if not w in stop_words]             #去除停用词
50.
51.        '''''
52.        ******相比于 onehot,不再有去重这个步骤******
53.        '''
54.
55.        sentence_onehot=np.zeros((1,word_dict.shape[0]))
56.        for word in words:
57.            word_index=word_dict[word_dict['word']==word]['index']
```

```
58.         word_index=word_index.reshape(len(word_index),1)
59.         word_vector=onehot_encoder.transform(word_index)    #一个词的onehot向量
60.
61.         sentence_onehot+=word_vector     #将本语句中所有词的onehot向量叠加
62.     return sentence_onehot
63.
64. sentence_onehot=sentence_to_onehot(s2)
65. print('sentence_onehot: ',sentence_onehot)
```

词袋模型虽然在one-hot上更进一步,但是同样存在one-hot的缺点,即存储空间大、矩阵稀疏,而且单纯统计某个词在一条语句中的出现次数,将词局限于语句,未能体现出词在整个语料环境中的重要程度。

3. TF-IDF

在词袋模型的基础上,研究者不再满足于只表示"词数"这种简单的统计值,将目光转向了TF-IDF。(term frequency-inverse document frequency,词频-逆文档频率)这个十分有价值的统计量。词频表示一个单词在这篇文本中出现的频率,一般认为,词出现的频率越高越重要。逆文档频率表示词在语料库中的代表性,一般认为,词的逆文档频率越高代表性越强。

TF的公式见式(11.1):

$$\text{TF}_w = \frac{\text{在一篇文本中词}w\text{出现的次数}}{\text{这篇文本的总词数}} \tag{11.1}$$

IDF的公式见式(11.2):

$$\text{IDF}_w = \log \frac{\text{语料库中总文本数}}{\text{包含词}w\text{的文本数}+1} \tag{11.2}$$

IDF的主要思想:如果一个词在很多文档中都存在,那么它对文档的区分能力就很弱;如果一个词只在某几个文档中存在,那么它对文档的区分能力就很强。IDF十分符合人们对词重要程度的直观认识,也解释了将and、of这些词作为停用词从文本中去掉的原因。

TF-IDF的公式见式(11.3):

$$\text{TF}-\text{IDF}_w = \text{TF}_w \times \text{IDF}_w \tag{11.3}$$

(1)语句表示:

假设语料中共有三条语句:

语句1:本文综述了海洋鱼源抗菌肽的结构、生物活性及作用机制的研究进展,展望了其在食品安全中的应用前景,以期为海洋鱼源抗菌肽的研究利用提供依据。[1]

语句2:食品产业是晋江的传统产业,其发展对推动晋江经济的发展具有重要作用。而行业的发展离不开金融支持,金融的集聚也离不开实体产业的推动。[2]

语句3:在了解我国食品行业现在状况的基础上,基于历史维度,概述日本食品管理制度发展史,分析日本食品管理模式。[3]

---

[1] 陈选,陈旭,韩金志,等.海洋鱼源抗菌肽的研究进展及其在食品安全中的应用前景[J/OL].食品科学,2020:1-13[2020-08-03].http://kns.cnki.net/kcms/detail/11.2206.TS.20200722.1456.156.html.

[2] 苏雁.晋江食品产业与金融业协同发展研究[J].商业经济,2020(07):65-66.

[3] 刘峥颖,卢鹏艳,姚艳斌.日本食品管理制度对我国食品行业的借鉴意义[J].河北农业大学学报(社会科学版),2020,22,(01):62-67.

上述三条语句每条语句的主要内容都不一样，见表11.2。

表 11.2　不同领域语句的高 TF-IDF 值词汇示例

语句	词	TF-IDF
语句 1	海洋、鱼源、抗菌肽	0.37412
	研究进展、食品安全、应用、前景、生物、活性、研究、本文、提供、依据、机制、展望、以期、利用、结构、综述	0.18706
	作用	0.142263
语句 2	发展	0.485660
	推动、晋江、产业、离不开、金融	0.323775
	传统产业、具有、实体、支持、经济、行业、重要、集聚	0.161887
	食品、作用	0.123119
语句 3	日本	0.443748
	食品	0.337481
	了解、分析、历史、发展史、基于、基础、我国、概述、食品行业、维度、管理模式、管理制度、现在、状况	0.221874

（2）语句表示：

①导入包：Jieba 是一个用于中文分词的 Python 库，sklearn 中的 CountVectorizer 用于文本中词的计数，TfidfVectorizer 用于计算文本中词的 TFIDF 值。代码如下：

```
1. # -*- coding: utf-8 -*-
2. import jieba
3. from sklearn.feature_extraction.text import CountVectorizer
4. from sklearn.feature_extraction.text import TfidfVectorizer
```

②分词、去除停用词等预处理：利用 jieba.cut( ) 进行分词，并同时去除了停用词和标点符号，利用 ' '.join( ) 将词汇用空格连接，构建语料库 corpus。代码如下：

```
5. s1='本文综述了海洋鱼源抗菌肽的结构、生物活性及作用机制的研究进展,展望了其在食品安\
6. 全中的应用前景,以期为海洋鱼源抗菌肽的研究利用提供依据。'
7. s2='食品产业是晋江的传统产业,其发展对推动晋江经济的发展具有重要作用。而行业的发展离\
8. 不开金融支持,金融的集聚也离不开实体产业的推动。'
9. s3='在了解我国食品行业现在状况的基础上,基于历史维度,概述日本食品管理制度发展史,分析\
10. 日本食品管理模式。'
11.
12. def wordcut(s_set):
13.     scut_set=[]
14.     for s in s_set:
15.         s_cut=jieba.cut(s)
16.         s_words=' '.join(s_cut)
17.         scut_set.append(s_words)
18.     return scut_set
19. corpus=wordcut([s1,s2,s3])
```

结果如图 11.8 所示。

```
['本文 综述 了 海洋 鱼源 抗菌肽 的 结构 、 生物 活性 及 作用 机制 的 研究进展 , 展望 了 其 在 食品安全 中 的 应用
前景 , 以期 为 海洋 鱼源 抗菌肽 的 研究 利用 提供 依据 。', '食品 产业 是 晋江 的 传统产业 , 其 发展 对 推动 晋江
经济 的 发展 具有 重要 作用 。 而 行业 的 发展 离不开 金融 支持 , 金融 的 集聚 也 离不开 实体 产业 的 推动 。',
'在 了解 我国 食品行业 现在 状况 的 基础 上 , 基于 历史 维度 , 概述 日本 食品 管理制度 发展史 , 分析 日本 食品 管
理模式 。']
```

图 11.8 词切分

③统计所有单词。代码如下：

```
20. #使用 TfidfVectorizer 获得词汇的 tfidf
21. cv=CountVectorizer()            #统计一篇文档中词汇出现的次数 (也称词袋模型)
22. corpus_cv=cv.fit_transform(corpus)
23. word=cv.get_feature_names()     #获取词袋模型中的所有词汇
```

④计算 TF-IDF 值，构建语句的 TF-IDF 向量表示。代码如下：

```
24. tv=TfidfVectorizer()            #获取词汇的 tfidf 值
25. tfidf=tv.fit_transform(corpus)
26. tfidf_weight=tfidf.toarray()
27.
28. for I in range(len(tfidf_weight)):  #打印每条语句中词的 tf-idf 值
29.     print""-------语"",i+1""中词语的 tf-idf 值------" )
30.     print("TF-IDF 向量:",tfidf_weight[i])
31.     for j in range(len(word)):
32.         print(word[j],tfidf_weight[i][j])
```

结果如图 11.9 所示。

```
-------语句 1 中词语的tf-idf值------
了解 0.0                          实体 0.0
产业 0.0                          展望 0.18706005118782956
以期 0.18706005118782956            应用 0.18706005118782956
传统产业 0.0                        我国 0.0
作用 0.14226399048594257            抗菌肽 0.3741201023756591
依据 0.18706005118782956            推动 0.0
具有 0.0                          提供 0.18706005118782956
分析 0.0                          支持 0.0
利用 0.18706005118782956            日本 0.0
前景 0.18706005118782956            晋江 0.0
历史 0.0                          本文 0.18706005118782956
发展 0.0                          机制 0.18706005118782956
发展史 0.0                         概述 0.0
基于 0.0                          活性 0.18706005118782956
基础 0.0                          海洋 0.3741201023756591
```

图 11.9 词汇的 tf-idf 值

到目前为止，介绍了 one-hot、Bag of Word 和 TF-IDF 三种方法，它们虽然都可以将词和语句表示成向量形式，但是这些方法将词看作独立的个体，而且并未考虑到词在不同语境中的含义。即使两个词拥有相同的统计值，其含义也不一定相同，例如上例中的海洋、鱼源、抗菌肽；即使是同一个词，例如"联想"可以是一个动词，也可以指代联想公司。如何进一步区分这类词并充分表达其含义，研究者又提出了 N-gram 和共现矩阵等方法。

4. 共现矩阵

对于下面的英文文本：

You shall know a word by the company it keeps.

词的含义是什么？除了翻开词典、阅读词汇后面跟着的描述性的句子，还能从哪种角度理解一个词？开创现代统计 NLP 核心思想的 J. R. Firth 对词语含义有另一种理解：一个词的含义可以通过其周围的词体现。"周围的词"就是常说的"上下文"和"语境"。根据这样的思想，词共现矩阵的概念被提出，首先需要确定一个窗口 N，然后找到中心词的前 N 个词和后 N 个词，最后记录中心词和这 $2N$ 个词共现的次数。

（1）语句表示：

现在有一段英文文本如下，包含三条语句：

I want to be an English teacher. Because I like English. I think English is interesting and useful.

经过分句、去停用词和去除标点等预处理操作后，三条语句处理如下：

语句 1：I want English teacher

语句 2：Because I like English

语句 3：I think English interesting useful

去除重复之后获得大小为 $d=9$ 的词典：['I', 'teacher', 'want', 'useful', 'like', 'interesting', 'Because', 'English', 'think']，假设共现窗口大小 N 为 2，窗口是左右对称的。

此时就可以构建共现矩阵，共现矩阵的大小为 $d×d$，i 行 j 列对应的值是词典中第 i 个词和第 j 个词在窗口中共现的次数。例如，语句 1 中中心词 want 的左窗口共现词为 I，那么共现矩阵中 want 和 I 对应的计数就需要加 1。右窗口共现词为 English 和 teacher，那么共现矩阵中 want 和 English、want 和 teacher 对应的计数分别需要加 1。

上述文本的共现矩阵在表 11.3 中展示。

表 11.3　共现矩阵

—	I	teacher	want	useful	like	interesting	Because	English	think
I	0	0	1	3	1	1	0	1	0
teacher	0	0	1	1	0	0	0	0	0
want	1	1	0	1	0	0	0	1	0
useful	3	1	1	0	1	0	1	1	1
like	1	0	0	0	0	1	0	0	0
interesting	1	0	0	0	1	0	0	0	0
Because	0	0	0	1	0	0	0	1	1
English	1	0	1	1	0	0	1	0	0
think	0	0	0	0	0	1	1	0	0

共现矩阵的行可以提取成词的向量表示，例如，词"I"的向量形式为[0,0,1,3,1,1,0,1,0]。

（2）语句表示：

①导入包：这里新用到一款强大的开源的第三方 Python 工具包 Gensim，它支持多种主题模型算法，支持流式训练，并提供了相似度计算、信息检索等一些常用任务的 API 接口。代码如下：

```
1. # -*- coding: utf-8 -*-
2. import numpy as np
3. from nltk.corpus import stopwords
4. from gensim import corpora
```

②分句、分词：对原始语料进行分句，再将每条语句分词，以便后续工作。分句直接使用英文句号"."进行分割，分词时先使用strip()去除语句首尾的空格和换行符，然后使用split(str)进行分词，其中str表示分隔符，可以使用正则式进行匹配。代码如下：

```
5.  text='I want to be an English teacher. Because I like English. I think \
6.  English is interesting and useful.'
7.  stop_words=set(stopwords.words('english'))        #使用英文停用词典
8.
9.  def cut(text):
10.     wordset=text.strip().split(' ')                #strip()用于去除头尾的空格或
                                                       #者换行符。使用空格进行分词
11.     wordset=[w for w in wordset if not w in stop_words]   #去除停用词
12.     return wordset
13.
14. #分句
15. sents_cut=text.split('.')[:-1]
16. print(sents_cut)
17.
18. #分词
19. sents_words=[]
20. for s in sents_cut:
21.     sents_words.append(cut(s))
22. print(sents_words)
```

分句和分词结果如图11.10所示。

```
['I want to be an English teacher', ' Because I like English', ' I think English is interesting and useful']
[['I', 'want', 'English', 'teacher'], ['Because', 'I', 'like', 'English'], ['I', 'think', 'English', 'interesting', 'useful']]
```

图11.10 分句和分词结果

③建立词典，初始化词共现矩阵：利用corpora.Dictionary()将语料转化成词典，它自动给词典中每一个词分配一个唯一的编号，dict(dictionary.token2id)返回一个字典，键是词汇，值是编号。将词转换成数字编号的目的是，用编号表示词在共现矩阵中的位置。首先将共现矩阵初始化为全0矩阵，使用np.zeros()函数。代码如下：

```
23. #建立词典
24. dictionary=corpora.Dictionary(sents_words)              #生成词典
25. word_num_dict=dict(dictionary.token2id)                 #词和编号的对应关系,存在字典里
26. word_dic=list(dictionary.token2id.keys())               #词列表
27. co_occur_matrix=np.zeros((len(word_dic),len(word_dic))) #初始化词共现矩阵
28. print(word_num_dict)
29. print(word_dic)
```

保存词和编号的字典word_num_dict的内容如下：

{'I':0,'teacher':1,'want':2,'useful':8,'like':4,''interesting:6,'English':3,'think':7,'Because':5}

④共现词计数:通过向前和向后滑动共现窗口,找到共现的两个词,将词转化成矩阵中的位置信息,并在共现矩阵中计数。代码如下:

```
30. #共现词计数
31. def count_matrix(sent,cur_index,N):
32.     cur_word=sent[cur_index]                        #当前词
33.     cur_number=word_num_dict[cur_word]              #查询目标词的编号i
34.
35.     for i in range(1,N+1):                          #从1开始
36.         if cur_index+i<len(sent):
37.             context_word=sent[cur_index+i]          #获得共现窗口内的词,即共现词
38.             context_number=word_num_dict[context_word]   #查询共现词的编号j
39.             co_occur_matrix[cur_number][context_number]+=1
                                                        #共现矩阵位置[i,j]中的计数加1
40.         else:
41.             pass
42.         if cur_index-i>-1:
43.             context_word=sent[cur_index-i]
44.             context_number=word_num_dict[context_word]
45.             co_occur_matrix[cur_number][context_number]+=1
46.         else:
47.             pass
48.
49. N=2                                                 #窗口大小
50. for sent in sents_words:
51.     for i in range(len(sent)):
52.         cur_index=i
53.         count_matrix(sent,cur_index,N)
54.
55. print(co_occur_matrix)
```

最后,获得共现矩阵co_occur_matrix,如图11.11所示。

```
[[0. 0. 1. 3. 1. 1. 0. 1. 0.]
 [0. 0. 1. 1. 0. 0. 0. 0. 0.]
 [1. 1. 0. 1. 0. 1. 0. 0. 0.]
 [3. 1. 1. 0. 1. 0. 1. 1. 1.]
 [1. 0. 0. 1. 0. 1. 0. 0. 0.]
 [1. 0. 1. 0. 1. 0. 0. 0. 0.]
 [0. 0. 0. 1. 0. 0. 0. 1. 1.]
 [1. 0. 0. 1. 0. 0. 1. 0. 0.]
 [0. 0. 0. 1. 0. 0. 1. 0. 0.]]
```

图11.11 共现矩阵

行和列所代表的词如下:

```
['I','teacher','want','useful','like','interesting','Because','English',
'think',]
```

与之前的方法不同，共现矩阵开始关注中心词及其周围词的共现关系，并用矩阵形式进行表达。由于共现矩阵是一个对称矩阵，所以它占用了很多不必要的空间，而且共现矩阵依旧十分稀疏且维度很高，在实际使用中，经常使用一些降维方法来压缩矩阵，有兴趣的读者可以自行学习常用的矩阵降维方法。

11.1.2 基于神经语言模型的词嵌入

1. 分布式语义

在共现矩阵中词义通过上下文来体现，即认为拥有相似上下文的词具有十分相似的含义，其深层含义可以理解为：拥有相似分布的词具有十分相似的含义，即分布式语义。由此可以引入词的分布式表示（distributed representations），它是由分布相似性（distributional similarity）构建出的，一个词的分布式表示是一种稠密、低维、连续的向量，向量的每一维都是一种潜在的语义或语法特征。

2. N-gram

N元语法（N-gram）模型是目前常用的语言模型之一，它利用大规模语料库来判断一条语句出现的概率。其主要思想是：一个词出现的概率是由它前面出现的$N-1$个词决定的，一个句子出现的概率等于其中每个词出现概率的乘积。当$N=1$时，模型被称为一元语法模型，记作uni-gram；当$N=2$时，模型被称为二元语法模型，即一阶马尔可夫链（Markov chain），记作bi-gram；当$N=3$时，模型被称为三元语法模型，即二阶马尔可夫链，记作tri-gram。由于随着N的增长模型参数会快速增长，所以在实际应用中，通常取$N=3$。下面以bi-gram为例，介绍N-gram原理，根据其主要思想，在bi-gram中一个词w_i的概率只依赖于它前面的一个词w_{i-1}，那么一条长度为l的语句s的概率如式（11.4）所示：

$$p(s) = \prod_{i=1}^{l} p(w_i | w_1 \cdots w_{i-1}) \approx \prod_{i=1}^{l} p(w_i | w_{i-1}) \tag{11.4}$$

（1）语句表示：假设训练语料中包含下面三条语句。

语句1：Amy likes cold weather

语句2：Li likes music

语句3：Mike likes cold milk

将语料库整理成词典后，可以得到如表11.4所示的记录矩阵，表格中的值是前后两词共同出现的次数。为了使得$p(w_i | w_{i-1})$对于第一个词有意义，在句首添加一个标志词<BOS>；为了使语料中所有句子的概率之和为1，在句尾添加一个标志词<EOS>。

表11.4 词汇共现记录矩阵

前词	后词								
	<BOS>	Amy	Li	Mike	likes	cold	weather	music	milk	<EOS>
<BOS>	—	1	1	1	0	0	0	0	0	0
Amy	—	0	0	0	1	0	0	0	0	0
Li	—	0	0	0	1	0	0	0	0	0

续表

前词	后词								
	<BOS>	Amy	Li	Mike	likes	cold	weather	music	milk	<EOS>
Mike	—	0	0	0	1	0	0	0	0	0
likes	—	0	0	0	0	2	0	1	0	0
cold	—	0	0	0	0	0	1	0	1	0
weather	—	0	0	0	0	0	0	0	0	1
music	—	0	0	0	0	0	0	0	0	1
milk	—	0	0	0	0	0	0	0	0	1
<EOS>	—	—	—	—	—	—	—	—	—	—

现在有一条语句 Amy likes cold milk，用最大似然估计的方法计算这条语句的概率，如式（11.5）所示：

$$p(\text{Amy likes cold milk}) = p(\text{Amy} | <\text{BOS}>) \times p(\text{likes} | \text{Amy}) \\ \times p(\text{cold} | \text{likes}) \times p(\text{milk} | \text{cold}) \times p(<\text{EOS}> | \text{milk}) \quad (11.5)$$

其中

$$p(\text{Amy} | <\text{BOS}>) = \frac{c(<\text{BOS}> \text{Amy})}{\sum_w c(<\text{BOS}> w)} = \frac{1}{3}$$

$$p(\text{likes} | \text{Amy}) = \frac{c(\text{Amy likes})}{\sum_w c(\text{Amy } w)} = \frac{1}{1}$$

$$p(\text{cold} | \text{likes}) = \frac{c(\text{likes cold})}{\sum_w c(\text{likes } w)} = \frac{2}{3}$$

$$p(\text{milk} | \text{cold}) = \frac{c(\text{cold milk})}{\sum_w c(\text{cold } w)} = \frac{1}{2}$$

$$p(<\text{EOS}> | \text{milk}) = \frac{c(\text{milk} <\text{EOS}>)}{\sum_w c(\text{milk } w)} = \frac{1}{1}$$

因此

$$p(\text{Amy likes cold milk}) = \frac{1}{3} \times 1 \times \frac{2}{3} \times \frac{1}{2} \times 1 \approx 0.11$$

其中，c 是统计两个词共同出现的次数的函数。

3. Word2Vec

通过分布式语义可知，一个中心词的上下文词与该词的语义有重要联系，N-gram 模型只利用了中心词的上文，并未考虑到下文，而且受限于参数数目十分庞大，所以 N 一般仅取到 3，无法顾及位置较远的词汇。Word2Vec 模型根据分布式语义的思想，利用神经网络（neural network language model，NNLM）的计算优势，更好地解决了上述问题。它的主要思想是：对于每一个中心词，其上下文词汇都有一个分布，通过预测每个词及其上下文同时出现的概率，并将所有词的概率最大化，可以求解出最优的分布。神经网络在求解过程中，会产生每个词的连续向量表示，即 Word2Vec 词向量。目前两种算法可以实现 Word2Vec，分别是 Skip-gram（SG）和 Continuous Bag of Words（CBOW）。训练中主要用到了两种方法：层次 softmax 和负采样。下面分别介绍两种算法的原理。

（1）Skip-gram：

Skip-gram 模型思想给定中心词，令其上下文词出现的概率最大。

第一步：假设有如图 11.2 所示的语句。

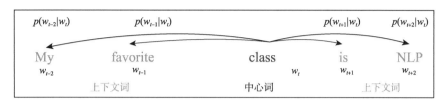

图 11.12　Skip-gram 模型思想

我们需要计算语句中每一个词的概率，以 class 为例，对称窗口大小取 2，中心词即为 class，上下文词有 My、favorite、is、NLP，它们的概率分别为 $p(w_{t-2}|w_t)$、$p(w_{t-1}|w_t)$、$p(w_{t+1}|w_t)$、$p(w_{t+2}|w_t)$。

第二步：建立目标函数。

目标：长度为 N 的语句，对于每一个词 w_t，预测其窗口 m 内上下文词汇的概率，并将其最大化。

目标函数如式（11.6）：

$$J(\boldsymbol{\theta}) = \prod_{t=1}^{N} \prod_{\substack{-m<j<m \\ j\neq 0}} p(w_{t+j}|w_t; \boldsymbol{\theta}) \qquad (11.6)$$

目标函数优化：利用负对数似然函数最小化目标函数。取对数后可以将乘积转化成求和，更便于计算，$\boldsymbol{\theta}$ 就是想要优化的所有参数，即词汇的向量表示，如式（11.7）：

$$J'(\boldsymbol{\theta}) = -\frac{1}{N}\sum_{t=1}^{N}\sum_{\substack{-m<j<m \\ j\neq 0}} \log_2(p(w_{t+j}|w_t)) \qquad (11.7)$$

第三步：求解目标函数。

在优化目标函数过程中，就可以得到最优的参数 $\boldsymbol{\theta}$，词 w_t 作为模型输入，表示成向量形式，则式（11.7）中 $p(w_{t+j}|w_t)$ 可化为式（11.8）。

$$p(w_{t+j}|w_t) = p(o|c) = \text{softmax}(\boldsymbol{u}_o^T\boldsymbol{v}_c) = \frac{\exp(\boldsymbol{u}_o^T\boldsymbol{v}_c)}{\sum_{j=1}^{N}\exp(\boldsymbol{u}_j^T\boldsymbol{v}_c)} \qquad (11.8)$$

其中，o 代表 output context word（上下文词），c 代表（center word）中心词，$\boldsymbol{u}_o$ 是 w_{t+j} 作为上下文词时的 $d \times 1$ 维向量表示，$\boldsymbol{v}_c$ 表示 w_t 作为中心词时的 $d \times 1$ 维向量表示。$\sum_{j=1}^{N}\exp(\boldsymbol{u}_j^T\boldsymbol{v}_c)$ 中，N 是总词汇数目，$\boldsymbol{u}_j$ 是窗口内第 j 个词作为上下文词时的 $d \times 1$ 维向量表示。利用 softmax( ) 函数获得最后的概率值，原理是先使用指数函数将数值转化为正值，然后通过归一化将值映射到 0～1 之间，这样处理更利于求解概率分布。

Skip-gram 模型的示意图如图 11.13 所示。V 代表 One-hot 向量表示的维度，$\boldsymbol{W}$ 代表中心词矩阵，$\boldsymbol{U}_o$ 代表上下文词矩阵。

第四步：参数学习过程。

参数 $\boldsymbol{\theta}$ 是中心词矩阵和上下文词矩阵，其结构如图 11.14 所示。

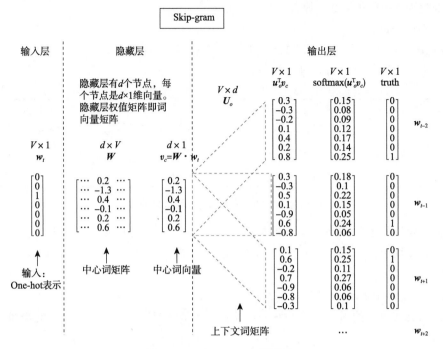

图 11.13 Skip-gram 模型图

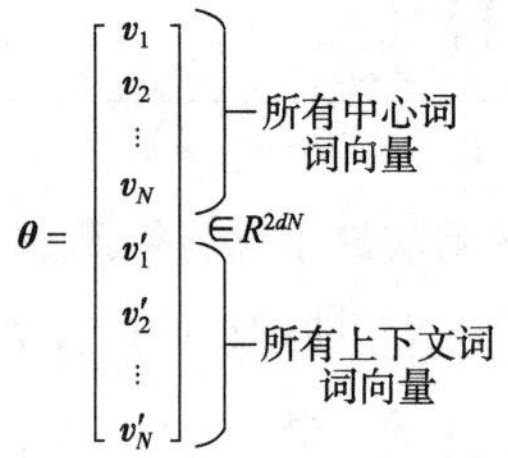

$$\theta = \begin{bmatrix} v_1 \\ v_2 \\ \vdots \\ v_N \\ v'_1 \\ v'_2 \\ \vdots \\ v'_N \end{bmatrix} \in R^{2dN}$$

所有中心词词向量

所有上下文词词向量

图 11.14 参数 θ 的结构

R^{2dN} 表示 N 个词，每个词有两个 d 维向量，一个作为中心词向量，一个作为上下文词向量。利用偏导可以求解参数。

对式（11.7）求偏导可以简化为对式（11.8）求偏导，获得的梯度结果如式（11.9）所示：

$$\frac{\partial p(o\mid c)}{\partial v_c} = \frac{\partial}{\partial v_c} \left[\underbrace{\log_2 \exp(u_o^T v_c)}_{①} - \underbrace{\log_2 \sum_{j=1}^{N} \exp(u_j^T v_c)}_{②} \right] \quad (11.9)$$

$$① = \frac{\partial u_o^T v_c}{\partial v_c} = u_o^T$$

$$② = \frac{\partial}{\partial v_c} \log_2 \sum_{j=1}^{N} \exp(u_j^T v_c) = \sum_{x=1}^{N} \frac{\exp(u_x^T v_c)}{\sum_{j=1}^{N} \exp(u_j^T v_c)} \cdot u_x^T = \sum_{x=1}^{N} p(x\mid c) \cdot u_x^T$$

即

$$\underbrace{\frac{\partial p(o\mid c)}{\partial v_c}}_{\text{可观测到}} = u_o^T - \underbrace{\sum_{x=1}^{N} p(x\mid c) \cdot u_x^T}_{\text{期望}} \quad (11.10)$$

神经网络一般利用梯度下降法优化目标函数,即使用旧的参数减去梯度获得新的参数,不断迭代这个过程,直到参数稳定,如式(11.11)所示:

$$\boldsymbol{\theta}^{\text{new}} = \boldsymbol{\theta}^{\text{old}} - \alpha \frac{\partial J(\boldsymbol{\theta})}{\partial \boldsymbol{\theta}^{\text{old}}} \rightarrow \boldsymbol{\theta}^{\text{new}} = \boldsymbol{\theta}^{\text{old}} - \alpha \nabla_{\theta} J(\boldsymbol{\theta}) \tag{11.11}$$

朴素的梯度下降方法会使用语料库中所有样本计算偏导,但是这样会耗时很长,所以实际使用中一般采用随机梯度下降方法,即每次随机采样一部分样本进行计算,用于更新参数。

(2) CBOW

CBOW模型思想给定上下文词,令其中心词出现的概率最大。

假设有如图11.15所示的语句。

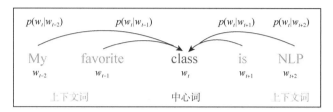

图 11.15　CBOW 模型思想

这里同样需要计算语句中每一个词的概率,与Skip-gram不同的是,CBOW模型的输入是上下文词,输出的是中心词的概率,分别为 $p(w_t \mid w_{t-2})$、$p(w_t \mid w_{t-1})$、$p(w_t \mid w_{t+1})$、$p(w_t \mid w_{t+2})$。

CBOW模型图如图11.16所示。其参数更新原理与Skip-gram相同,这里不再赘述。

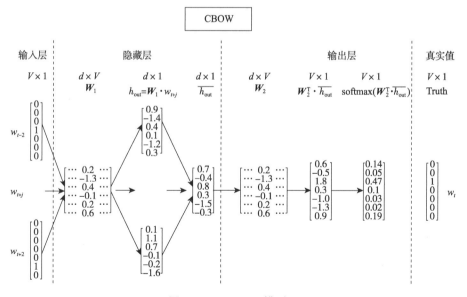

图 11.16　CBOW 模型图

CBOW模型和Skip-gram模型过程相反,模型输入是上下文词,输出是中心词的概率。N个上下文词向量经过隐藏层后获得N个隐藏层输出,即h_{out},将每一个h_{out}加和求平均,获得$\overline{h_{\text{out}}}$,然后输入到输出层中,获得一个$V \times 1$的向量,最后使用softmax()函数将值转化到0~1之间,此时就可以计算模型输出值和真实值Truth之间的误差,并采用和Skip-gram相同的原理对模型参数进行训练。

11.2 主 题 模 型

主题模型（topic model）与其他词模型最大的不同在于，它在主题层面上对文本进行分析和表示，把词汇按照主题进行聚类，更加深入地挖掘了文本的主题信息，也更加符合人类对文本的语义理解。最初提出主题模型时，研究者就试图将文本映射到语义空间内，以此来解决一词多义和一义多词的问题。

潜在语义分析（latent semantic analysis，LSA）模型构建了一个"概念"空间，将词汇和"概念"相互映射，这样一篇文章就可以在"概念"空间中进行表示，在对目标文本内容进行检索时，就不再拘泥于词的形式，而是以词汇背后的深层含义——"概念"为模板进行检索。而概率潜在语义分析（probabilistic latent semantic analysis，pLSA）模型将"概念"进一步引申为"主题"，而且结合贝叶斯学派的理论，认为文本、主题和词汇之间的关系是一种概率分布，即每篇文章都由一些主题构成，存在对应的主题分布，每个主题都由一些词构成，存在对应的词分布。pLSA 从概率的角度细致刻画了主题与文本、词之间的关系，构建了"两层分布"，比 LSA 更加具有可解释性。

潜在狄利克雷分布（latent dirichlet allocation，LDA）模型在 pLSA 的基础上继续进行研究，与 pLSA 不同的是，LDA 认为"两层分布"的参数也符合某种分布，而且与"两层分布"是共轭分布。LDA 是主题模型中非常重要的方法，在文本分析中也具有重要地位。在此基础上，从时间的角度上来看，由于主题也会随着时间的推移而变化，所以有学者提出了动态主题模型（dynamic topic model，DTM）来预测未来主题的变化趋势。

11.2.1 潜在狄利克雷分布模型

1. 共轭先验分布

LDA 中的一个重要概念是共轭先验分布，通过一个例子解释两个分布怎么样才符合共轭分布。

给定某系统的若干样本 x，计算该系统的参数 $\boldsymbol{\theta}$，根据贝叶斯公式可以得出：

$$p(\boldsymbol{\theta}|x) = \frac{p(x|\boldsymbol{\theta}) \cdot p(\boldsymbol{\theta})}{p(x)} \tag{11.12}$$

(1) $p(\boldsymbol{\theta})$：在没有数据的情况下，$\boldsymbol{\theta}$ 发生的概率——先验概率。

(2) $p(\boldsymbol{\theta}|x)$：在有数据的情况下，$\boldsymbol{\theta}$ 发生的概率——后验概率。

(3) $p(x|\boldsymbol{\theta})$：在给定参数 $\boldsymbol{\theta}$ 的情况下，x 的概率——似然函数。

如果后验概率 $p(\boldsymbol{\theta}|x)$ 和先验概率 $p(\boldsymbol{\theta})$ 满足同样的分布律，那么先验分布和后验分布被叫作共轭分布，同时，先验分布叫作似然函数的共轭先验分布。

2. LDA 文档生成过程

LDA 模型认为一篇文章是主题上的概率分布，一个主题是词汇上的概率分布。一篇文章的详细生成过程如下：

(1) 目前有 M 篇文章，总共包含了 K 个主题。

(2) 一篇长度为 N_m 的文章涉及多个主题，主题的分布是多项分布，已知多项分布的共轭先验分布是 Dirichlet 分布，那么多项分布的参数服从 Dirichlet 分布，该 Dirichlet 分布的参数为 α。

说明：因为一篇文章→主题分布 $p(x|\boldsymbol{\theta})$，是一个多项分布，现在样本 x 已知，但是 $\boldsymbol{\theta}$ 未知。所以，使用公式和共轭定义来求 $\boldsymbol{\theta}$ 的分布：

① $p(\boldsymbol{\theta}|x) \propto p(x|\boldsymbol{\theta}) \cdot p(\boldsymbol{\theta})$。

②多项分布的共轭先验为 Dirichlet 分布。

（3）（与文章-主题分布的思路相同）一个主题有一个词分布，词分布为多项分布，该多项分布的参数服从 Dirichlet 分布，该 Dirichlet 分布的参数为 β。

（4）那么，m 篇文章的形成过程：生成某篇文章中的第 n 个词时，首先从文章的主题分布中采样一个主题 k，然后从这个主题对应的词分布中采样一个词。不断重复上述过程，直到完成这篇文章。

上述 LDA 主题模型如图 11.17 所示。

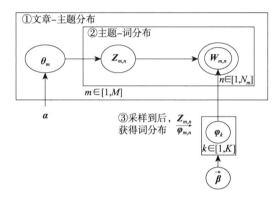

图 11.17　LDA 主题模型图

给定一个包含 M 篇文章的集合，$W_{m,n}$ 是可以可观测到的已知变量，$\boldsymbol{\alpha}$ 和 $\boldsymbol{\beta}$ 是根据经验给出的先验超参数，$Z_{m,n}$、$\boldsymbol{\theta}$、$\boldsymbol{\varphi}$ 都是未知的隐含变量，各参数上方的横向箭头代表此处为一组参数。需要进行学习和估计。所有变量的联合分布如式（11.13）所示：

$$p(\boldsymbol{W}_m, \boldsymbol{Z}_m, \boldsymbol{\theta}_m, \boldsymbol{\varphi} | \boldsymbol{\alpha}, \boldsymbol{\beta}) = \prod_{n=1}^{N_m} p(\boldsymbol{W}_{m,n} | \boldsymbol{\varphi}_{Z_{m,n}}) p(\boldsymbol{Z}_{m,n} | \boldsymbol{\theta}_m) p(\boldsymbol{\theta}_m | \boldsymbol{\alpha}) p(\boldsymbol{\varphi} | \boldsymbol{\beta})$$

(11.13)

以上是 LDA 主题模型的原理，在实际使用中，可以直接调用 Python 的 gensim 库中的 models.ldamodel 训练 LDA 模型。

3. LDA 样例代码

以下示例代码来自 Gensim 库的官方文档。

（1）使用 Gensim 库中自带语料来训练 LDA 模型。代码如下：

```
1. from gensim.test.utils import common_texts
2. from gensim.corpora.dictionary import Dictionary
3.
4. #使用 Dictionary()函数从文本中创建字典
5. common_dictionary=Dictionary(common_texts)
6. common_corpus=[common_dictionary.doc2bow(text) for text in common_texts]
7.
8. #在语料上训练 LDA 模型
9. lda=LdaModel(common_corpus, num_topics=10)
```

（2）保存和加载模型。代码如下：

```
10. from gensim.test.utils import datapath
11.
12. #保存训练好的模型
13. temp_file=datapath("model")
14. lda.save(temp_file)
15.
16. #加载已经训练好的模型
17. lda=LdaModel.load(temp_file)
```

（3）使用 LDA 模型为新的文本建模。代码如下：

```
18. #利用新的文本创建一个新的语料
19. other_texts=[
20. ...    ['computer','time','graph'],
21. ...    ['survey','response','eps'],
22. ...    ['human','system','computer']
23. ... ]
24. other_corpus=[common_dictionary.doc2bow(text) for text in other_texts]
25.
26. unseen_doc=other_corpus[0]
27. vector=lda[unseen_doc]    #使用 LDA 模型分析新的语料，获得其主题分布
```

（4）使用新的语料更新 LDA 模型。代码如下：

```
28. lda.update(other_corpus)
29. vector=lda[unseen_doc]
```

LDA 模型采用成熟的方法对文本进行主题层面的建模，但是在实际中，随着时间的推移，由于人们对于同一事件的关注点转移，同一个主题的词汇构成会有所变化，文档的主题词汇也会随之而变化。人们不仅希望能够根据现有语料归纳出当前文档的主题，还希望能够预测未来的主题动态。

11.2.2 动态主题模型

上文中介绍的 LDA 方法可以有效地归纳出文档的主题构成，但是学术杂志、新闻报道等文本的主题词汇是随着时间不断变化的。例如，*Science* 杂志的两篇文章 *The Brain of Professor Laborde* 和 *Reshaping the Cortical MotorMap by Unmasking Latent Intracortical Connections* 属于同一领域，但是其核心研究内容却大不相同。所以，研究主题随着时间如何变化是非常有意义的。动态主题模型（dynamic topic model，DTM）就解决了这个问题。

DTM 文档生成过程如下：

把主题-词分布和文档-主题分布相结合，将主题模型有序地排列。时刻 t 的生成模型过程如下：

（1）构建文档-主题高斯分布：根据 $t-1$ 时刻的文档-主题分布估计 t 时刻的分布。

$$\beta_{t,k} | \beta_{t-1,k} \sim \mathcal{N}(\beta_{t-1,k}, \sigma^2 I)$$

（2）构建主题-词高斯分布 $\mathcal{N}$：根据 $t-1$ 时刻的主题-词分布估计 t 时刻的分布，其中 α_t 是 t 时刻的主题向量，σ 是根据经验给出的先验超参数。

$$\alpha_t \mid \alpha_{t-1} \sim \mathcal{N}(\alpha_{t-1}, \sigma^2 I)$$

（3）对每一个文档 d，潜在语义 η 和主题向量 α_t 都在随着时间变化：

- $\eta \sim \mathcal{N}(\alpha_t, a^2 I)$
- 第 n 个词 W 都有一个所属主题 Z，Z 服从多项分布 Mult：

$Z \sim \mathrm{Mult}(\pi(\eta))$，选择一个主题。

其中，π 指多重分布的特性参数归一化函数：

$$\pi(\beta_{t,k})_w = \frac{\exp(\beta_{t,k,w})}{\sum_w \exp(\beta_{t,k,w})}$$

DTM 模型结构图如图 11.18 所示，展示了三个时间状态下的动态模型，如果去掉横向箭头，一个时刻的动态主题模型就是一个静态主题模型。LDA 模型的参数的分布采用狄利克雷分布，但是狄利克雷分布不适用于序列建模，所以采用高斯分布来对参数分布进行建模。

当主题模型中包含时间动态时，即时刻 t 的第 k 个主题由时刻 $t-1$ 的第 k 个主题演变而来时，需要使用时间序列模型来求解。高斯模型常被用于解决时间序列问题，然而，由于高斯分布和多重分布模型是非共轭的，所以其后验推断难以求解，所以 DTM 使用变分卡尔曼滤波器来估计后验。如图 11.19 所示，K 是卡尔曼滤波器，$\widehat{\alpha}$ 和 $\widehat{\beta}$ 是卡尔曼滤波器的预测值，α 和 β 是真实值。

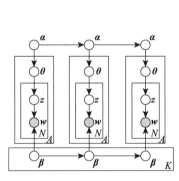

图 11.18　DTM 模型图

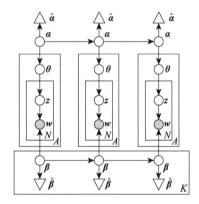

图 11.19　加了卡尔曼滤波器

DTM 能够预测主题随时间的变化情况，例如，论文原作者统计了 1881—2000 年之间，*Science* 期刊上的 Atomic Physics 主题，其主题词在不断变化[1]，如图 11.20 所示。从图中可以很直观地看出原子物理学的发展情况，从 1881 年到 1930 年，新词不断出现，学科高速发展，而从 1940 年到 2000 年，新词出现缓慢，也意味着学科中的新发现逐渐变少。此外，magnet 和 energy 一直是原子物理学的研究重点，历经 120 年依旧是研究者们十分关注的问题。

---

[1] BLEI D M, LAFFERTY J D. Dynamic topic models[J]. Science, 2006:113-120.

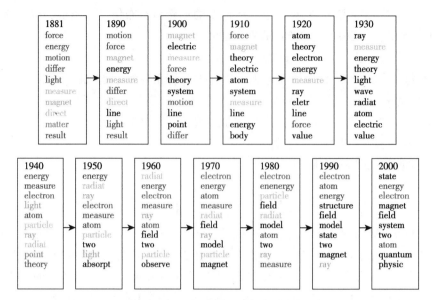

图 11.20　1881—2000 年主题变化

11.3　嵌入式主题模型

主题空间体现了文档层面和词汇层面之间的隐含语义，其假设的文档生成过程更符合人类写作时的创作流程，所以对文本语义分析具有重要意义。目前，神经网络模型依赖其强大的计算能力，在文本表示方面表现出优秀的性能，但是神经网络训练出的词嵌入的各个维度难以解释，这对词嵌入的深入研究造成很多困难。主题模型依托概率统计方法，通过词汇集合来体现主题的实际意义，这令文本表示更具有可解释性。因此，有学者将词嵌入和主题模型相结合，构成嵌入式主题模型。嵌入式主题模型的典型代表是 ETM（embedded topic model，嵌入式主题模型），它将 Word2Vec 和 LDA 相结合，解决了主题模型中对长尾词建模效果差的问题。在此基础上，还有学者提出了 D-ETM（dynamic-embedded topic model），它的主题会随着时间而变化。下面将介绍这两种嵌入式主题模型。

11.3.1　嵌入式主题模型

ETM 是典型的嵌入式主题模型，它的文档生成过程和 LDA 的思路相同，但是它在文档-主题分布中加入了词嵌入，并使用神经网络对原文档-主题矩阵和新加入的词嵌入矩阵进行训练。由于主题模型是根据可观测到的词对文档生成过程的逆向推断，所以主题模型对语料中的长尾词、低频词不敏感，词表中这种"长尾词"有很多，对语言研究有不可或缺的作用，而 ETM 的词嵌入则可以通过神经网络的训练，考虑到长尾词的含义。并且当语料中存在停用词时，ETM 也可以通过加入预训练好的词嵌入，构建出更具有可解释性、可区分性的主题，而不受停用词的影响。除此之外，ETM 还使用了变分推断方法来近似主题-词分布，使用交叉熵和相对熵来衡量文档-主题分布和主题-词分布与真实分布的差距。

1. ETM 原理

在前几节已经介绍了 LDA 文档生成模型和 Word2Vec 词嵌入模型。ETM 将词分别表示在 L

维词向量空间和 K 维主题空间内，然后将词向量和主题向量的点积看作它在两个空间内的分布概率。下面依托上述两个模型介绍 ETM 的文档生成过程。

2. ETM 文档生成过程

假设，语料库 D 中有 d 个文档，共有 V 个词。$w_{dn} \in \{1,\cdots,V\}$，$w_{dn}$ 表示第 d 个文档中的第 n 个词。

第 d 个文档的生成过程如下：

(1) 文档-主题分布：$\boldsymbol{\theta}_d \sim \mathcal{LN}(0,I)$。

(2) 文档 d 中词的生成过程：

● 第 n 个词的主题：为第 n 个词采样主题：$z_{dn} \sim \mathrm{Cat}(\boldsymbol{\theta}_d)$。

● 根据主题-词分布得到第 n 个词：$w_{dn} \sim \mathrm{softmax}(\boldsymbol{\rho}^\mathrm{T} \boldsymbol{\alpha}_{z_{dn}})$。

步骤 1：ETM 将文档-主题分布 $\boldsymbol{\theta}_d$ 从 Dirichlet 分布替换成 logistic-normal 分布，即 $\mathcal{LN}(\cdot)$，它是一个简化的标准高斯随机分布 $\mathcal{LN}(0,I)$，替换的目的是在之后的变分推断算法中更便于设置真实分布的近似分布。

步骤 2：得到 z_{dn} 是第 d 个文档中第 n 个词的主题。$\mathrm{Cat}(\cdot)$ 表示分类分布（categorial distribution）。

步骤 3：步骤 1 和步骤 2 都和 LDA 模型的过程相同，但是步骤 3 则有所不同，从步骤 2 中得到主题 z_{dn} 后，并没有直接根据主题-词分布抽取词，而是将词向量矩阵 $\boldsymbol{\rho}$ 与主题向量矩阵 $\boldsymbol{\alpha}$ 相乘，将矩阵乘积当作主题-词分布，再进行词汇抽取。w_{dn} 的词向量使用 CBOW 模型获得。$\boldsymbol{\rho}$ 是 $L \times V$ 的词向量矩阵，列 $\boldsymbol{\rho}_v$ 是 w_v 的词向量表示，$\boldsymbol{\rho}_v \in R^L$。$\boldsymbol{\alpha}$ 是 $L \times K$ 的主题矩阵，列 $\boldsymbol{\alpha}_k$ 是第 k 个主题的向量，$\boldsymbol{\alpha}_k \in R^L$。

3. 变分推断

这里利用变分推断来拟合模型的真实分布。假设数据分布是一个混合分布，需要根据可观测的数据来推断混合分布的隐含变量，故想采用贝叶斯算法，推测后验概率。然而，可观测数据的边缘分布求解十分困难，其计算复杂度非常高，所以可以采用变分推断，构造一个后验分布的近似分布，来拟合后验分布。

语料库中所有文档的边际似然函数如式 (11.14) 所示：

$$L(\boldsymbol{\alpha},\boldsymbol{\rho}) = \sum_{d=1}^{D} \lg p(w_d \mid \boldsymbol{\alpha},\boldsymbol{\rho}) \tag{11.14}$$

其中

$$p(w_d \mid \boldsymbol{\theta}_d,\boldsymbol{\alpha},\boldsymbol{\rho}) = \sum_{k=1}^{K} \boldsymbol{\theta}_{dk} \beta_{k,w_{dn}} \tag{11.15}$$

$\boldsymbol{\theta}_{dk}$ 表示文档 d 上的文档-主题分布，$\beta_{k,w_{dn}}$ 表示第 k 个主题上的主题-词分布，总共包含 K 个主题，即步骤 3 中描述的过程，如式 (11.16)：

$$\beta_{kv} = \mathrm{softmax}(\boldsymbol{\rho}^\mathrm{T} \boldsymbol{\alpha}_k)\big|_v \tag{11.16}$$

假设 $\boldsymbol{\theta}$ 的近似分布的分布是 $q(\boldsymbol{\theta}_d;W_d,v)$，$W_d$ 是文档 D 中所有的 N_d 个词的集合。具体地，假设 $q(\delta_d;W_d,v)$ 是一个高斯分布，它的均值和方差来自一个参数为 v 的"推断网络"。推断网络的输入是文档 W_d，输出是 $\boldsymbol{\theta}_d$ 的均值 μ_d 和方差 δ_d。

下面是 ETM 的模型训练和参数优化过程，其中 NN 是神经网（neural network），LN 对数正态分布（log-normal distribution）：

算法 1：ETM 主题模型

初始化模型参数和变分参数：

```
For  i=1,2,3…do
    对每一个 k 计算 β_k = softmax(ρ^T α_k)
    为所有文档选择一个 minibatch D
    For D 中每个文档 D  do
        获得归一化 CBOW 词向量表示 x_d
        计算 μ_d = NN(x_d, v_μ), 其中 v_μ 是可训练参数
        计算 Σ_d = NN(x_d, v_Σ), 其中 v_Σ 是可训练参数
        采样 θ_d ~ LN(μ_d, Σ_d)
        For 文档中的每个词 do
            计算 p(w_dn | θ_d) = θ_d^T β_.,w_dn
        End for
    End for
    估计 ELBO 及其梯度(反向传播)
    更新模型参数 α_{1:K}
    更新变分参数 (v_μ, v_Σ)
End for
```

其中 $\beta_{.,w_{dn}}$ 指全部主题上的主题-词分布。

4. ETM 代码

图 11.21 所示为 ETM 关系图。

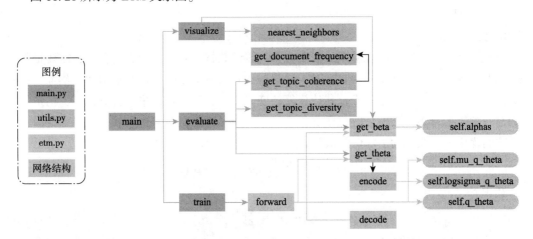

图 11.21　ETM 程序关系图

main.py 是入口程序，包含了参数定义、模型可视化、评价、训练等功能，utils.py 是功能函数，包含细化的评价函数，如 get_topic_coherence 是获得主题连贯度评价，get_topic_diversity 是获得主题差异性评价，etm.py 记录了 ETM 的网络结构，用于模型训练和损失计算。

(1) main.py：下面使用伪代码和文字的形式，描述 main.py 实现过程和程序运行流程。代码如下：

```
30.    if mode='train ':                    #mode 可以是 train 或 eval
31.        visualize(model)                 #先查看一下初始化模型的效果
32.        for epoch in range(epochs):      #epochs=20
33.            train(epoch)                 #模型开始训练
34.            val_ppl=evaluate(model,'val') #模型评价
35.            if val_ppl 比 best_val_ppl 小,则:
36.                ①保存模型,保存 epoch
37.                ②更新 best_val_ppl
38.            else:
39.                检查是否需要使用退火算法更新学习率
40.            每 10 轮可视化一次模型
41.        训练结束,加载最优模型并评估其效果
42. else:
43.     加载训练好的模型
44.     model.eval()                        #在测试训练数据之前,需要加上 model.eval()。
                                            #否则,有输入数据,即使不训练,它也会改变权值
45.     with torch.no_grad():               #停止 gradient 计算
46.         ①评价主题的质量:主题内部连贯性、主题间差异性
47.         ②获得常用的 10 个主题
48.         for 一个 batch:
49.             输入样本数据归一化(为了包容不同长度的文档,我们根据文档词数 N_d 对
50.             文档的 BOW 表示进行标准化,作为推断网络的输入)
51.             theta
52.             theta_avg=theta 的行相加
53.             weighed_theta=sums* theta   #sums 指一个文档中的词数,加权 theta 意
54.                                         #味着 theta 中考虑了一个文档的词数目
55.             theta_weighted_Avg=(weighed_theta/总词数 cnt).sum(0)
56.                                         #行相加:一个主题在所有文档上的表现
57.         ③展示前 k 个主题中的词
58.         ④在 ETM 模型中,查看一些词的近义词是什么
```

(2) visualize( )函数:用于可视化模型,即查看主题中包含哪些词,以此来人工评价主题模型质量。

(3) evaluate( )函数:用于计算交叉熵损失、主题连贯性、主题差异性。

(4) train( )函数:训练样本切分、归一化,模型训练、计算交叉熵和相对熵,利用反向传播算法更新模型参数。

(5) nearest_neighbors( )函数:根据词在主题上的分布情况,查找出与输入词最相似的前 n 个词,使用了余弦相似度。

(6) get_topic_conherence( )函数:评价主题连贯性,计算点互信息值,如式(11.17)和公式(11.18)所示。

$$\text{TC} = \frac{1}{K} \sum_{k=1}^{K} \frac{1}{45} \sum_{i=1}^{10} \sum_{j=i+1}^{10} f(w_i^{(k)}, \cdots, w_j^{(k)}) \tag{11.17}$$

其中,$\{w_i^{(k)}, \cdots, w_j^{(k)}\}$ 表示在第 k 个主题中排名前 10 的词,全部主题数目是 K。$f(\cdot, \cdot)$ 是标准化点互信息。

$$f(w_i,w_j) = \frac{\lg \frac{P(w_i,w_j)}{P(w_i)P(w_j)}}{-\lg P(w_i,w_j)} \tag{11.18}$$

（7）get_topic_diversity()函数：评价主题的差异性（多样性）。原理：汇总每个主题中前 25 个词，统计只出现过一次的词的个数，这些词在所有词中所占百分比越大，说明主题间差异性越大，主题的多样性越好。

ETM 模型将 LDA 和词向量相结合，对长尾词、低频词具有更强的建模能力，也可以自动去除语料中停用词的影响。如果使用预训练好的词向量，则将 ETM 称为 Labeled ETM，Labeled ETM 和 ETM 的主题词结果见表 11.5。从表中示例可以看出，ETM 从大规模语料库中学习到了具有连贯性和多样性的主题。

表 11.5　Labeled ETM 和 ETM 主题结果表

Labeled ETM						
game	music	republican	wine	company	yankees	court
points	dance	bush	restaurant	million	game	judge
season	songs	campaign	food	stock	baseball	case
team	opera	senator	dishes	shares	season	justice
play	concert	democrats	restaurants	billion	mets	trial
ETM						
game	music	united	wine	company	yankees	art
team	mr	Israel	food	stock	game	museum
season	dance	government	sauce	million	baseball	show
coach	opera	Israeli	minutes	companies	mets	work
play	band	mr	restaurant	billion	season	artist

11.3.2　动态嵌入式主题模型

动态嵌入主题模型（dynamic embedded topic model，D-ETM）是一种能够在时间上对主题进行建模的模型，并结合词向量机制，良好应对长尾词、稀疏词的嵌入式主题模型。它将前文介绍过的 ETM 和 DTM 的优势相结合，借助前向神经网络和长短时记忆网络（long short-term memory network，LSTM），对时间序列进行建模，令模型可以通过过往时刻的主题，预测下一时刻的主题，增强了模型的预测能力。此外，还采用变分推断方法，假设出模型的分布，计算真实分布与假设分布之间的 KL 散度（Kullback-Leibler divergence），估计模型参数。其效果要优于单独使用 ETM 和 DTM。

1. D-ETM 文档生成过程

D-ETM 的模型生成过程如下：

$\boldsymbol{\alpha}_k^{(t)}$ 是 t 时刻主题 k 向量，η_t 是隐含均值，它们都具有时序性。t 时刻，一篇文档的文档 d-主题 $\boldsymbol{\theta}_d$ 的先验依赖于 η_t。变量 z_{dn} 和 w_{dn} 分别是为文档分配的主题和文档中观测到的词。γ 和 δ 是根据经验给出的先验超参数，主题总数目为 K，迭代总时间为 T。$\mathcal{LN}(\cdot)$ 代表 logistic-normal 分布，$\mathcal{N}(\cdot)$ 代表高斯分布。

（1）构建主题向量（topic embedding）：$\boldsymbol{\alpha}_k^{(t)} \sim \mathcal{N}(\boldsymbol{\alpha}_k^{(t-1)}, \gamma^2 I), k=1,\cdots,K, t=1,\cdots,T$。

(在第一个时间步长上,采用高斯先验 $\boldsymbol{\alpha}_k^{(t)} \sim \mathcal{N}(0,I)$,获得 $\boldsymbol{\alpha}_k^{(1)}$ 和 η_1)

(2)构建隐藏均值(latent means):$\eta_t \sim \mathcal{N}(\eta_{t-1}, \delta^2 I), t = 1, \cdots, T$。

(3)对每一个 d:

①构建文档-主题分布:$\boldsymbol{\theta}_d = \mathcal{LN}(\eta_{t_d}, \boldsymbol{a}^2 I)$。

②文档中的词 n:

● 选一个主题:$Z_{dn} \sim \text{Cat}(\boldsymbol{\theta}_d)$。

● 选一个词:$w_{dn} \sim \text{Cat}(\text{softmax}(\boldsymbol{\rho}^T \boldsymbol{\alpha}_{Z_{dn}}))$。

第(1)步给出了主题向量的先验,令生成的主题更平滑;第(2)步与 DTM 共享结构,给出了文档-主题分布上的先验均值;第 3 步是标准的主题模型步骤;Cat 表示分类分布(categorical distribution)其中最后一小步使用 t 时刻中 $L \cdot V$ 的词向量矩阵 $\boldsymbol{\rho}$ 和主题向量 $\boldsymbol{\alpha}_{Z_{dn}}$ 构建出一个词表上的分类分布,即主题-词分布,L 表示词向量维度,V 表示词表长度。

2. D-ETM、ETM 和 DTM 的关系

D-ETM 是结合了 ETM 和 DTM 构建而成的。下面从 D-ETM、ETM、DTM 的模型结构图和算法两方面对它们的关系进行阐述。

(1)ETM:ETM 模型结构图如图 11.22 所示。

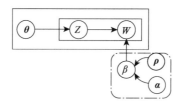

图 11.22 ETM 模型结构图

α—词向量;ρ—主题向量

其中,$\boldsymbol{\theta}$ 是文档-主题分布的参数,Z 是主题,W 是词,β 是主题-词分布的参数,$\boldsymbol{\rho}$ 是词向量,$\boldsymbol{\alpha}$ 是主题向量。从图 11.22 点画线框可看出,ETM 的主要贡献是将词向量直接加入到主题向量的训练中,这使得模型可以处理语料库中未出现过的词,通过计算未现词与已知词的距离,就可以将其归入更可能的主题中。这体现了 ETM 模型会将语义相似的词汇分配到更相似的主题中。

(2)DTM:DTM 模型结构图如图 11.23 所示。

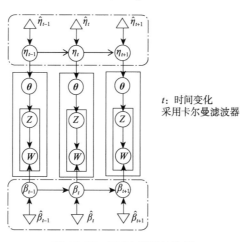

t:时间变化
采用卡尔曼滤波器

图 11.23 DTM 模型结构图

其中，η_t 是 t 时刻 θ 所属高斯分布的隐含均值，$\hat{\eta}_t$ 是估计值，β_t 是 t 时刻的主题-词分布，$\hat{\eta}_t$ 是估计值。如图 11.23 所示，点画线框内是 DTM 的卡尔曼滤波器。卡尔曼滤波器首先假设出一个模型，然后根据上一时刻的真实模型输出（如 β_{t-1}）、假设模型输出（如 $\hat{\beta}_{t-1}$），计算出最优卡尔曼增益，通过上一时刻的最优卡尔曼增益进而预测下一时刻的输出。

3. D-ETM

D-ETM 模型结构图如图 11.24 所示。

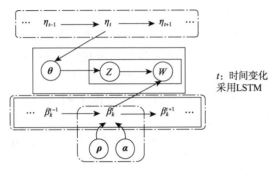

图 11.24　D-ETM 模型结构图

其中图 11.24 中 DETM 结合了 ETM 和 DTM 的优势，但是它并没有使用卡尔曼滤波器来预测下一时刻的变化，而是使用了 LSTM 为时间进行建模。

另外，三种模型在其两层分布上也有相似性，相同颜色的线框表示两个模型的相似之处。实线框内表示 D-ETM 和 ETM 的主题-词分布是由词向量和主题向量的点积得到的，虚线框表示 D-ETM 和 DTM 的文档主题分布是具有时序性的，点画线框表示 D-ETM 和 DTM 的主题-词分布具有时序性。

ETM、BTM、D-ETM 三种方法的区分和对比见表 11.6。

表 11.6　ETM、BTM、D-ETM 三种方法的区分和对比

ETM	文档-主题分布：	$\theta_d \sim LN(0, I)$
	主题-词分布：	$\beta \sim \boldsymbol{\rho}^{\mathrm{T}} \alpha_{z_{dn}}$
DTM	文档-主题分布：	$\theta_d \sim LN(\eta_{td}, \boldsymbol{a}^2 I)$ $\eta_t \mid \eta_{t-1} \sim N(\eta_{t-1}, \delta^2 I)$
	主题-词分布：	$\beta_k^{(t)} \mid \beta_k^{(t-1)} \sim N(\beta_k^{(t-1)}, \sigma^2 I)$
D-ETM	文档-主题分布：	$\theta_d \sim LN(\eta_{td}, \boldsymbol{a}^2 I)$ $\eta_t \mid \eta_{t-1} \sim N(\eta_{t-1}, \delta^2 I)$
	主题-词分布：	$\boldsymbol{\alpha}_k^{(t)} \sim N(\boldsymbol{\alpha}_k^{(t-1)}, \boldsymbol{a}^2 I)$ $\beta_k^{(t)} \sim \boldsymbol{\rho}^{\mathrm{T}} \boldsymbol{\alpha}_{z_{dn}}^{(t)}$

4. D-ETM 的参数估计

采用变分推断算法来参数的后验值，使用前馈神经网络、LSTM 以及平均场变分组来求解参数。具体过程如下：

已知：文档集合 $D = \{w_1, \cdots, w_D\}$，时间步 $\{t_1, \cdots, t_D\}$。

目标：获得模型各种隐含变量的后验分布 $p(\boldsymbol{\theta}, \boldsymbol{\eta}, \boldsymbol{\alpha} \mid D)$。

解决方法：

（1）采用变分推断：

假设一个分布族 $q_v(\boldsymbol{\theta},\boldsymbol{\eta},\boldsymbol{\alpha})$ 来近似后验。

参数损失为：$L(v) = \mathbb{E}_q[\log_2 p(D,\boldsymbol{\theta},\boldsymbol{\eta},\boldsymbol{\alpha}) - \log_2 q_v(\boldsymbol{\theta},\boldsymbol{\eta},\boldsymbol{\alpha})]$。真实分布与假设分布的相近度用 KL 散度表示，最小化 KL 散度等价于最大化证据下界（evidence lower bound，ELBO）。$\mathbb{E}_q$ 指关于分布 q 的期望值。

（2）使用分期变分推断（amortized variational inference）求 $q_v(\boldsymbol{\theta},\boldsymbol{\eta},\boldsymbol{\alpha})$：

$$q(\boldsymbol{\theta},\boldsymbol{\eta},\boldsymbol{\alpha}) = \underbrace{\prod_d q(\boldsymbol{\theta}_d \mid \boldsymbol{\eta}_{td}, w_d)}_{①} \times \underbrace{\prod_t q(\boldsymbol{\eta}_t \mid \boldsymbol{\eta}_{1:t-1}, \widetilde{w}_t)}_{②} \times \underbrace{\prod_k \prod_t q(\boldsymbol{\alpha}_k^{(t)})}_{③}$$

其中：

① $q(\boldsymbol{\theta}_d \mid \boldsymbol{\eta}_{td}, w_d)$ 文档主题分布是 logistic-normal 分布。它的均值和方差符合另一个函数，这个函数用前向传播神经网络表示，该网络的输入是隐含均值 $\boldsymbol{\eta}_{td}$ 和文档的词袋模型 BOW 表示 w_d，网络的输出是 $\boldsymbol{\theta}_d$ 的均值和方差。

② $q(\boldsymbol{\eta}_t \mid \boldsymbol{\eta}_{1:t-1}, \widetilde{w}_t)$ 是隐含均值 $\boldsymbol{\eta}_{td}$ 的函数，它依赖于 $1 \sim t-1$ 时刻的所有隐含均值，故用 LSTM 来捕获它们的时序依赖性，DETM 采用高斯函数来刻画这个函数，其均值和方差都是 LSTM 的输出。LSTM 的输入是时刻 t 中所有文档 BOW 表示标准化值，即 $\widetilde{w}_t$。

③ $q(\boldsymbol{\alpha}_k^{(t)})$ 主题-词分布。使用平均场变分族（mean-field family）近似表示 $\boldsymbol{\alpha}_k^{(t)}$ 是 t 时刻主题 k 的向量。

DETM 将词向量融入主题模型的训练中，能够对训练起到更直接的指导作用，能够有效地对语料库中未出现过的词、低频词和长尾词进行建模。DETM 还挖掘出文档的主题随时间的变化规律、利用 LSTM 对时间序列的优秀建模能力，提高了模型的预测能力。

参 考 文 献

[1] 林子雨. 大数据技术原理与应用[M]. 北京:人民邮电出版社,2015.

[2] 怀特. Hadoop 权威指南:中文版[M]. 曾大聃,周傲英,译. 北京:清华大学出版社,2010.

[3] 哈林顿. 机器学习实战[M]. 李锐,李鹏,曲亚东,译. 北京:人民邮电出版社,2013.

[4] HAPER F M, KONSTAN J A. The movielens datasets:history and context[J]. ACM Transactions on Interactive Intelligent Systems(TiiS) 2015,5(4):1-19.

[5] 陈选,陈旭,韩金志,等. 海洋鱼源抗菌肽的研究进展及其在食品安全中的应用前景[J/OL]. 食品科学,2021,42(9):328-335.

[6] 苏雁. 晋江食品产业与金融业协同发展研究[J]. 商业经济,2020(7):65-66.

[7] 刘峥颢,卢鹏艳,姚艳斌. 日本食品管理制度对我国食品行业的借鉴意义[J]. 河北农业大学学报(社会科学版),2020,22(1):62-67.

[8] BLEI D M, LAFFERTY J D. Dynamic topic models[J]. Proc Int Conf Mach Learn,2006(3):113-120.

[9] DIENG A B, RUIZ F J R, BLEI D M. Topic modeling in embedding spaces[J]. Transactions of the Association for Computational Linguistics,2020(8):439-453.

[10] 郑婕. 机器学习:算法原理与编程实践[M]. 北京:电子工业出版社,2015.

[11] 郑婕. NLP 汉语自然语言处理原理与实践[M]. 北京:电子工业出版社,2017.

[12] 宗成庆. 文本数据挖掘[M]. 北京:清华大学出版社,2019.

[13] 马拉克. SparkGraphX 实战[M]. 时金魁,黄光远,译. 北京:电子工业出版社,2017.